新分野総合　ガイダンス

無料 YouTube

1級施工管理技術検定試験の第一次検定試験における「基礎能力」と第二次検定試験における「管理知識」とは、いずれも五肢二択や五肢一択（予測）などマークシートを用いるもので、その内容は技術的に区分することは困難である。新分野の第一次検定試験と第二次検定試験ともに似た内容と考えられる。全体的な構成（予測）は次のようである。

「監理技士補」のための試験

第一次検定	知識問題（四肢一択）	**新能力問題（五肢二択）**
	専門・施工管理・法規	**基礎能力**

「監理技士」のための試験

第二次検定	**新知識問題（五肢一択）**	実地問題（記述式）
	管理知識	施工管理応用能力

本テキストは、第一次検定の「基礎能力」と第二次検定の「管理知識」の技術的な施工管理のポイントを集約して一括表記したものと具体的な五肢問題等を演習問題で学習できるようにしたものである。

特に重要な点は、第一次検定試験において「基礎能力」において**基準点以上の得点**を取得しなければ、その時点で不合格になることが新聞で報道されている。明確な合格基準は明示されていないが、まず第一次検定の「基礎能力」問題五肢二択で基準点以上の正解となるよう努力する必要がある。

GET 教育工学研究所では、過去の施工管理の問題を分析し、具体的演習問題を用いた動画学習を通じて合格できるように工夫しました。

GET 研究所

新分野　テキスト学習項目案内　無料 YouTube

<table>
<tr><th>テキスト</th><th>建築</th><th>土木</th><th>電気工事</th><th>管工事</th><th>電気通信工事</th></tr>
<tr><td rowspan="2">第１章</td><td rowspan="2">仮設計画
一括要約
問題・解説</td><td rowspan="2">土工
一括要約
問題・解説</td><td rowspan="2">品質管理
一括要約
問題・解説</td><td>第Ⅰ編　要約</td><td rowspan="2">計画
一括要約
問題・解説</td></tr>
<tr><td rowspan="2">施工要領図
空調要約
給排水要約
ネットワーク</td></tr>
<tr><td rowspan="2">第２章</td><td rowspan="2">解体工事
一括要約
問題・解説</td><td rowspan="2">コンクリート工
一括要約
問題・解説</td><td rowspan="2">安全管理
一括要約
問題・解説</td><td rowspan="2">安全管理
一括要約
問題・解説</td></tr>
<tr><td>第Ⅱ編 問題・解説</td></tr>
<tr><td rowspan="2">第３章</td><td rowspan="2">仕上げ工事
一括要約
問題・解説</td><td rowspan="2">品質管理
一括要約
問題・解説</td><td rowspan="2">工程管理
一括要約
問題・解説</td><td rowspan="3">施工要領図
空調
給排水
ネットワーク</td><td rowspan="2">工程管理
一括要約
問題・解説</td></tr>
<tr></tr>
<tr><td rowspan="2">第４章</td><td rowspan="2">工程管理
ネットワーク
問題・解説</td><td rowspan="2">安全管理
一括要約
問題・解説</td><td rowspan="2">電気工事用語
一括要約
問題・解説</td><td rowspan="2">電気通信工事用語
一括要約
問題・解説</td></tr>
<tr><td>第Ⅲ編　資料
(動画解説なし)</td></tr>
<tr><td>第５章</td><td></td><td>施工計画
一括要約
問題・解説</td><td></td><td></td><td></td></tr>
<tr><td>合格基準
新分野</td><td>◉ 60％以上</td><td>◉ 60％以上</td><td>◉ 50％以上</td><td>◉ 50％以上</td><td>◉ 40％以上</td></tr>
<tr><td>全体</td><td>60％以上</td><td>60％以上</td><td>60％以上</td><td>60％以上</td><td>60％以上</td></tr>
</table>

無料　動画サービス期間　令和４年３月末日（予定）

目　次

第1章　仮設計画基礎能力・管理知識　動画講習　無料　YouTube

1-1　施工計画の一括要約 …… 5

1-1-1　仮設計画の一括要約 …… 5

1-1-2　労働災害防止対策の一括要約 …… 6

1-2　施工計画の問題解説 …… 8

第2章　躯体工事基礎能力・管理知識　動画講習　無料　YouTube

2-1　躯体工事の一括要約 …… 37

2-2　躯体工事の問題解説 …… 40

第3章　仕上げ工事基礎能力・管理知識　動画講習　無料　YouTube

3-1　仕上げ工事の一括要約 …… 66

3-2　仕上げ工事の問題解説 …… 70

第4章　ネットワーク計算基礎能力・管理知識

4-1　ネットワーク計算の基本 …… 114

無料 YouTube 動画講習 受講手順

http://www.get-ken.jp/

GET研究所 検索

← スマホ版無料動画コーナー QRコード

URL　https://get-supertext.com/

（注意）スマートフォンでの長時間聴講は、Wi-Fi 環境が整ったエリアで行いましょう。

GET WEB 講習

http://www.get-ken.jp/

GET研究所 検索

①

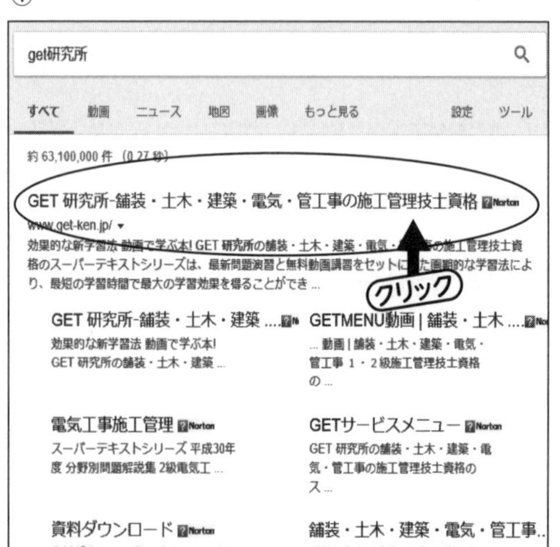

②

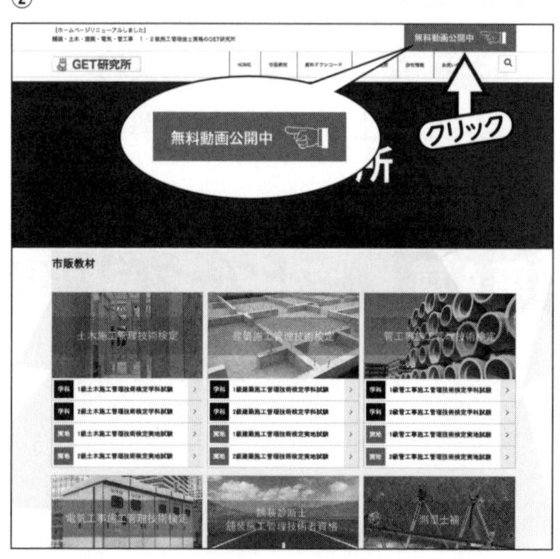

動画と本テキストの内容に相違がある時は、本テキストが優先します。
動画解説は学び方を学習するもので体系の把握が目的です。

第1章 仮設計画基礎能力・管理知識

1-1 施工計画の一括要約

1-1-1 仮設計画の一括要約

□ 重要テーマ

仮設備の配置計画と設備点検

仮設備の種類	テーマ		項　目	管理のポイント
山留めの施工	[1]	(1)	地盤アンカー	地盤アンカーは隣地に影響のないよう計画する。
		(2)	ソイルセメント柱列壁	ソイルセメント柱列壁は剛性が高い。
	2	(1)	地盤アンカー	地盤アンカーは傾斜地の山留め支保工に用いる。
		(2)	逆打ち工法	高層建築物の工期短縮に用いる山留め工法である。
乗入れ構台	[3]	(1)	作業構台の作業床	構台の作業床の幅は4～10m程度、床板のすき間3cm以下とする。
		(2)	作業構台の支柱	構台の支柱と山留めの支柱は兼用してはならない。(原則)
荷受け構台	4	(1)	荷受け構台の配置	2～3階ごとに設ける。
		(2)	荷受け構台の転用	荷受け構台は転用して使い回す。
ゲート	[5]	(1)	ゲートの高さ	ゲートの高さはレディーミクストコンクリートの運搬車の空荷状態の高さとする。
		(2)	ゲートの扉	ゲートの扉は引戸式か内開式とする。
仮設電気設備	6	(1)	電力契約	契約電力は山積・山崩により平均化して、契約電力を定める。
		(2)	溶接機の電力調達	大電流を必要とする溶接機の電力は自家発電機などのレンタルによりまかなう計画とする。
仮設道路	7	(1)	仮設道路幅員	仮設道路は最大幅に余裕を見込んで定める。
		(2)	仮設道路耐力	仮設道路の設計断面は載荷に対して十分な耐力を有する断面形とする。
仮設事務所	[8]	(1)	仮設事務所の規模	規模は必要最小限のものとする。
		(2)	建築士による設計	一定規模以上は建築士の設計による。

仮設備の種類	テーマ	項目		管理のポイント
仮囲い	9	(1)	仮囲い耐風対策	仮囲いメッシュ枠をつけ通風を良くする。
		(2)	仮囲いの下端処理	現場から濁水が流出しないよう仮囲いの下端部をコンクリートで遮断する。
クレーン	10	(1)	固定式クレーン	高層建築物の建築には固定式クレーンを用いる。
		(2)	2台のクレーン設置	揚重量が増大したときは、補助クレーンを設けて処理する。
建設用リフト	11	(1)	資材専用機器	建設用リフトに人を乗せない。
		(2)	出入口墜落防止	各階の出入口には金網等を用いて、使用しない時は閉鎖する。
外部足場	12	(1)	足場の幅木寸法	単管足場の幅木高さは10cm以上、枠組足場の幅木は15cm以上とする。
		(2)	作業主任者の選任	高さ5m以上の足場、吊り足場の組立・解体工事には作業主任者を選任する。
吊り足場	13	(1)	作業主任者の指揮	吊り足場の組立解体作業は作業主任者の指揮により行う。
		(2)	吊り足場の作業床	吊り足場の作業床の幅は40cmとし、床材のすき間は設けない。
移動式クレーン	14	(1)	クレーン運転資格	吊り荷重5t以上の運転は免許所有者。吊り荷重1t以上5t未満の運転は免許証所有者又は技能講習の修了者とする。
		(2)	敷鋼板の設置	地盤が堅固であれば敷鋼（鉄）板の設置は省略できる。

1-1-2 労働災害防止対策の一括要約

作業の種類	テーマ	項目		管理のポイント
足場の組立・解体	15	(1)	作業の中止	事業者は悪天候（強風、大雨、大雪）のとき、作業を中止する。
		(2)	作業床の幅	作業床の幅は40cm以上とする。
足場上の作業	16	(1)	手すり取り外し時	労働者に安全帯（墜落制止用器具）を着用させ、防網を張る。
		(2)	昇降設備	高さ、深さ1.5mを超える箇所への昇降には昇降設備を設ける。
移動足場上の作業	17	(1)	移動足場作業床	作業床の手すりは90cm以上とする。
		(2)	移動足場の移動	足場の移動時、労働者を乗せてはならない。

作業の種類	テーマ	項目		管理のポイント
外部枠組足場の作業	18	(1)	壁つなぎ間隔	枠組足場の壁つなぎは、水平間隔 9m、鉛直間隔 8m 以下。単管足場は水平間隔 5.5m、鉛直間隔 5.0m 以下とする。
		(2)	水平材の設置	枠組足場の最上階と 5 層以内ごとに水平材を設ける。
防護棚、ダストシュート作業	19	(1)	ダストシュートの設置	高さ 3m 以上から物体を投下するときはダストシュートを設置し監視人を置く。
		(2)	防護棚の設置	防護棚の防護棚板は足場より 2m 以上道路側に突出させる。
根切作業、足場上の作業	20	(1)	法面崩壊防止	法面崩壊を防止するには法面勾配を緩くする。
		(2)	足場倒壊防止	壁つなぎを躯体に堅固に固定する。
アーク溶接機による溶接作業	21	(1)	鉄骨上での感電防止	アーク溶接機の電気回路に自動電撃防止装置を設ける。
		(2)	防じんマスクの使用	屋外であってもアーク溶接作業を行うときは。防じんマスクを使用する。
重機運転作業	22	(1)	誘導者の職務	誘導者は事業者の定めた合図に従い重機の運転手に合図し誘導する。
		(2)	ショベル（バックホウ）の旋回方向	ダンプカーへの積込み作業において、掘削機のオペレータは、ダンプ後方を旋回させ積込みを行う。ダンプカーの運転台上空を旋回して積み込まないこと。
	23	(1)	重機の主用途外使用の禁止	原則として、バックホウをクレーンとして使用してはならない。
		(2)	重機作業の照度の保持	重機作業箇所には必要な照度を確保するため照明設備を設けなければならない。
公衆の保全対策	24	(1)	防護棚養生シート	防護棚に用いる養生シートは、耐風性能を向上させるため、網目の粗いものを選定する。
		(2)	山留め周辺地盤沈下防止	隣地等の地盤沈下を防止するため、軟弱地盤に対して、沈下の生じないように鋼矢板の根入深さを確保する。

1-2 施工計画の問題解説

1-1 仮設計画　山留め支保工の特徴について不適当なものを 2 つ答えよ。

(1) 鋼矢板工法で根入れ深さを大きくすることで、ヒーリングとボイリングを防止した。
(2) 地盤アンカー支保工は、広い作業空間が確保でき、隣地への影響は少ない。
(3) 親杭横矢板工法は、地下水のない良質地盤に用いた。
(4) ソイルセメント柱列壁は、H 形鋼を芯材としているが、その剛性は小さい。
(5) 逆打ち工法は乗入れ構台を必要とせず、上下同時に構築できる特徴がある。

解答　(2)、(4)

ポイント解説

(2)：地盤アンカーは隣地へ影響するおそれがある。
(4)：ソイルセメント柱列壁は剛性が大きい。

解説　山留め工法

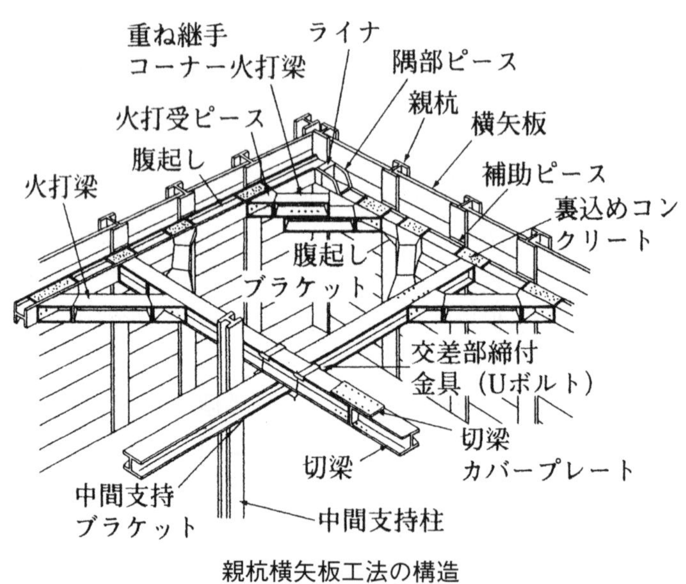

親杭横矢板工法の構造

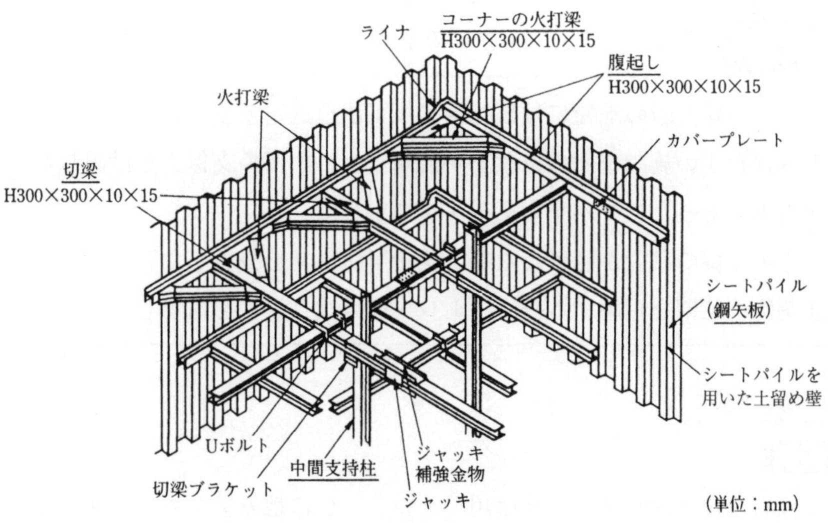

水平切梁工法（鋼矢板工法）の構造（単位：mm）

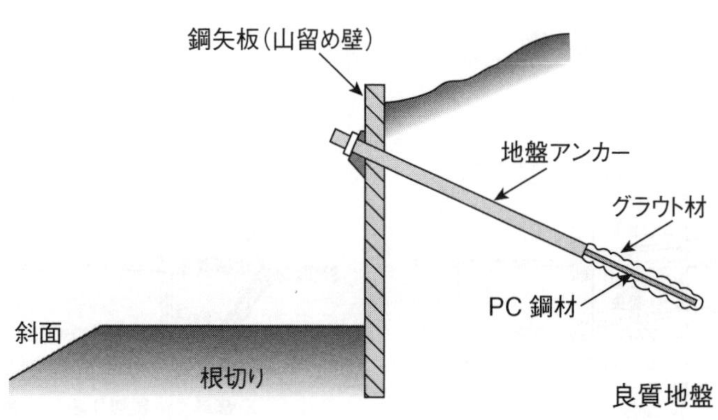

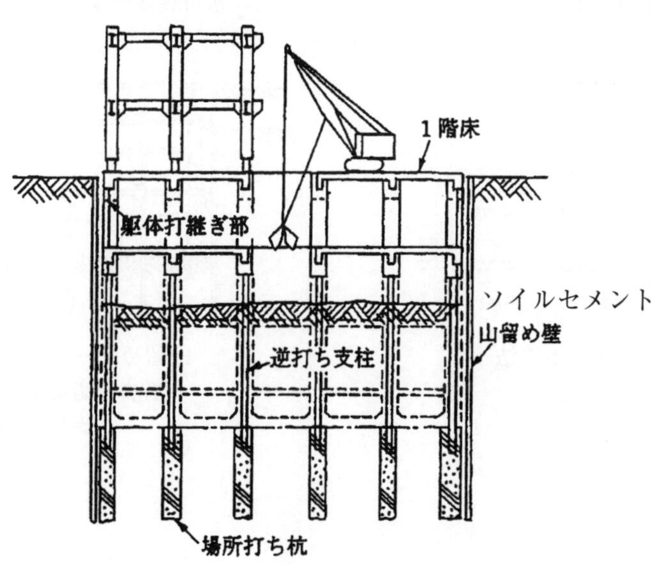

逆打ち工法

出典：建築工事監理指針

1-2 仮設計画 山留め支保工の組立等で不適当なものを２つ答えよ。

(1) 地下水のない礫や岩の地盤には親杭横矢板工法を選定できる。
(2) 振動を受けやすい施設などの位置を事前調査して山留め支保工を計画した。
(3) 急な傾斜地であったので水平切梁工法を選定した。
(4) 敷地上空の電線の移設が困難なため、絶縁用防護具を装着した。
(5) 高層建築物の工期を短縮するため、トレンチカット工法を採用した。

解答 (3)、(5)

ポイント解説

(3)：急な傾斜地には水平切梁工法は用いない。一般に地盤アンカー工法を選定する。
(5)：高層建築物の工期を短縮できる山留め工法は逆打ち工法である。

解説 山留め工法の特徴

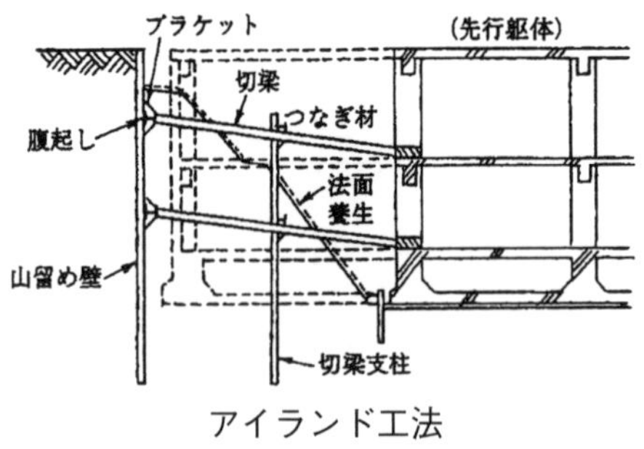

アイランド工法

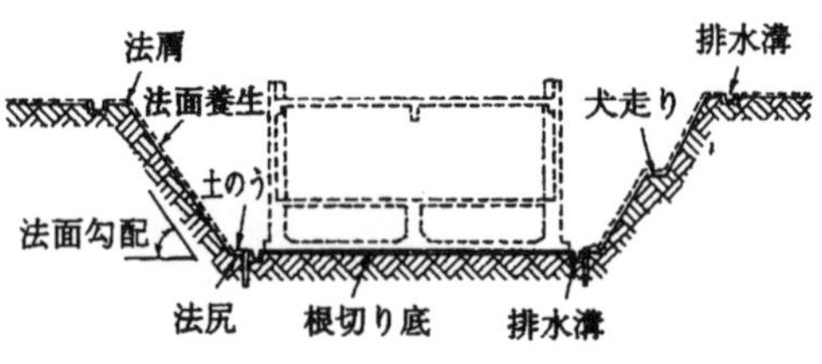

法付けオープンカット工法

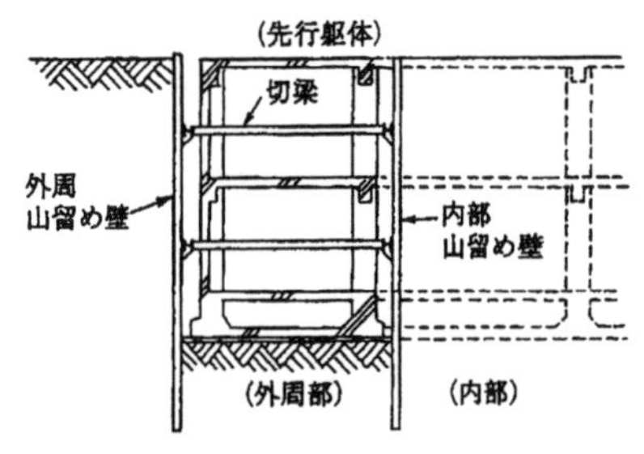

トレンチカット工法

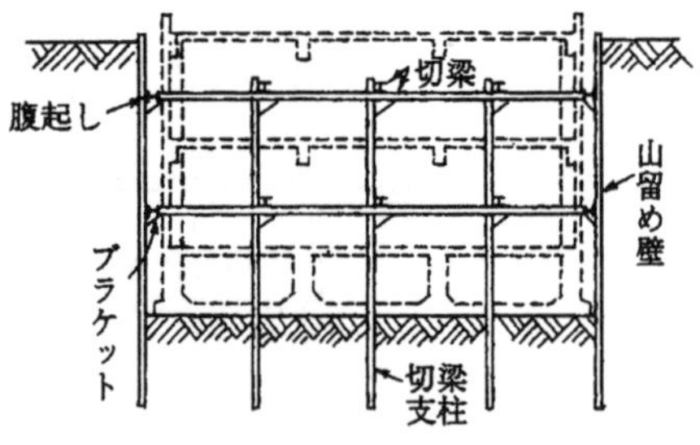

山留めオープンカット工法（切梁工法）

出典：建築工事監理指針

1-3 仮設計画　乗入れ構台の施工について、不適当なものを２つ答えよ。

(1) 構台は作用する風荷重や車両荷重などのうち最大荷重に対して十分な耐力を確保した。
(2) 乗入れ構台は、手すりの高さを 85cm、作業床のすき間は 5cm 以下とした。
(3) 乗入れ構台は支柱相互に水平つなぎとブレース（交差筋かい）で緊結した。
(4) 乗入れ構台の支柱と山留めの中間杭（支柱）とを兼用して設置した。
(5) 乗入れ構台の支柱の脚部の沈下を抑制するため支柱下部に敷板を用いた。

解答　(2)、(4)

ポイント解説

(2)：乗入れ構台の作業床のすき間は 3cm 以下とする。
(4)：乗入れ構台の支柱と山留めの中間杭（支柱杭）とは原則兼用しない。

解説　作業構台

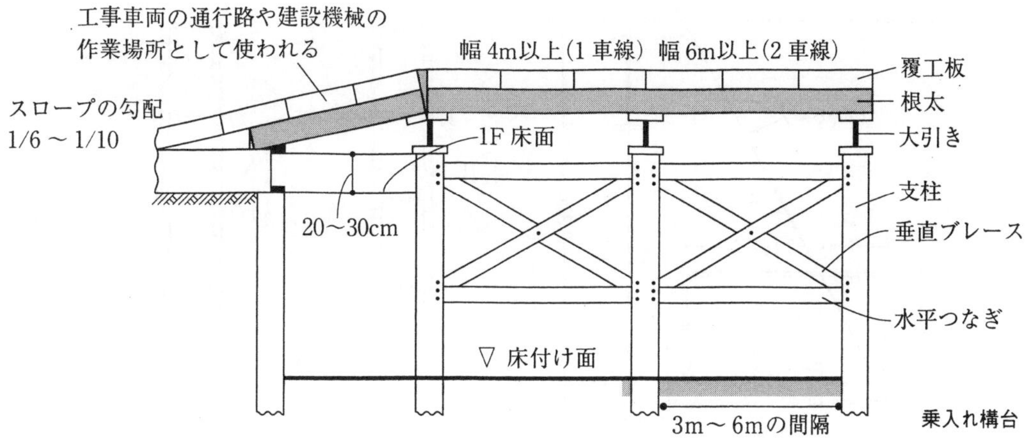

乗入れ構台

1-4　仮設計画　荷受け構台の施工について、不適当なものを 2 つ答えよ。

(1) 荷受け構台は、5 階ごとに設置し、作業床に手すりと幅木を設置した。
(2) 荷受け構台は、最大荷重に対して十分な耐力のあるものを用いた。
(3) 荷受け構台の配置は、揚重された材料を作業場に搬入しやすい配置とした。
(4) 荷受け構台の広さと形状は搬入材料の形状に合わせ適切なものとした。
(5) 荷受け構台は、一般に転用しないので、作業終了後直ちに撤去した。

解　答　(1)、(5)

ポイント解説

(1)：荷受け構台は一般的には 2〜3 階ごとに設置する。
(5)：荷受け構台は原則として転用して用いる。

解　説　荷受け構台

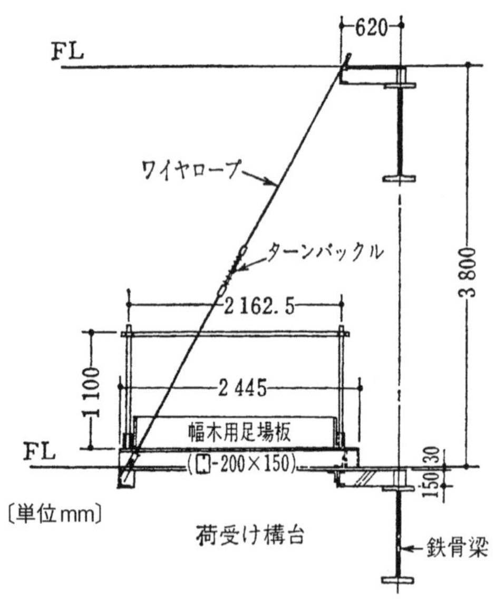

クレーン用荷受け構台の例

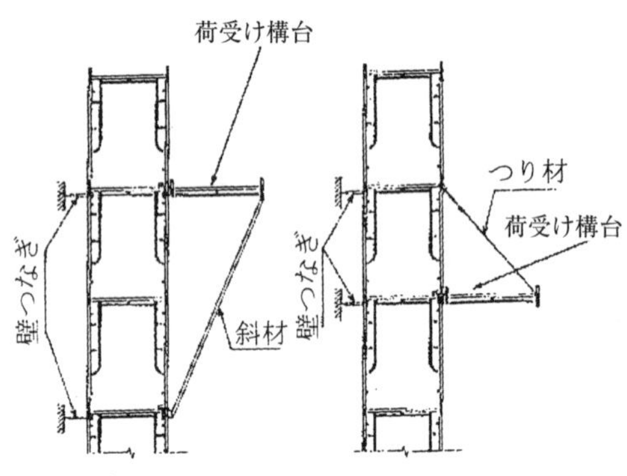

外部足場用荷受け構台の例

出典：仮設工事（JASS2）

1-5 仮設計画　ゲートの配置について、不適当なものを２つ答えよ。

(1) ゲートを通る歩行者と一般車両が接触しないようカーブミラーをつけた。
(2) ゲートの最大高さは、アジテータトラックの積載時に通行できるものとした。
(3) ゲートは盗難防止のため施錠する構造とした。
(4) ゲートの扉は外開きとした。
(5) ゲートの入口は交通量の少ない人の出入の容易な所に設けた。

解　答　(2)、(4)

ポイント解説

(2)：一般に、ゲートの高さはアジテータトラックの空荷の高さ以上とするので、積荷状態ではない。

(4)：ゲートの扉は、内開き又は引戸とする。

解　説　ゲート

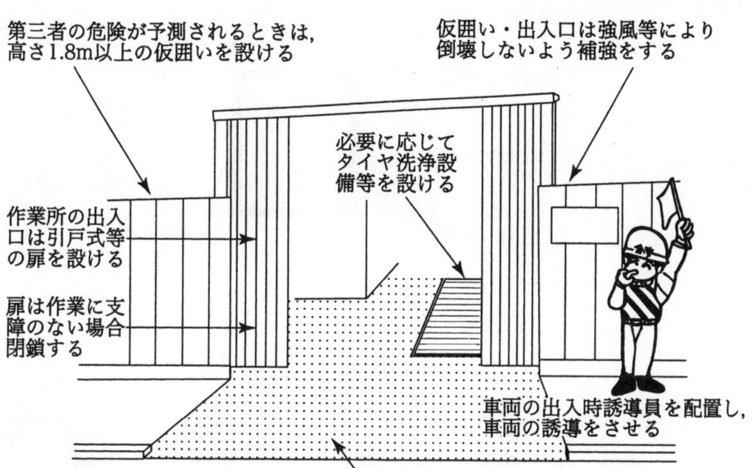

仮囲いの出入口（引戸式の例）付近での留意事項

出典：建築工事安全施工技術指針・同解説

1-6 仮設計画 仮設電気設備の施工について、不適当なものを２つ答えよ。

(1) 仮設電力は不足のないよう使用最大電力量を契約容量とした。
(2) 溶接機のような大電流にも対応できる電力量契約をする必要がある。
(3) 幹線の配線計画は、配線の盛替えが少なくなるよう受電設備を現場中央に配置した。
(4) 配線計画は、放送・通信、警報などの弱電系と強電系の配線を計画した。
(5) 仮設電力から本設電力への切替えの計画と手順を定めた。

解答 (1)、(2)

ポイント解説

(1)：仮設電力契約は、出力需要を山積・山崩して使用電力を平均化して契約電力量を定める。

(2)：溶接機のような大電流を一時使用するときは、電力契約と別途に発電機をレンタルして対応する。

解説 電気の安全

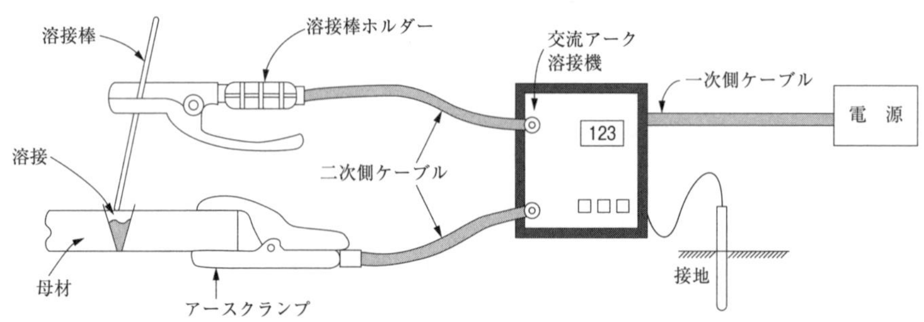

交流アーク溶接機の構成

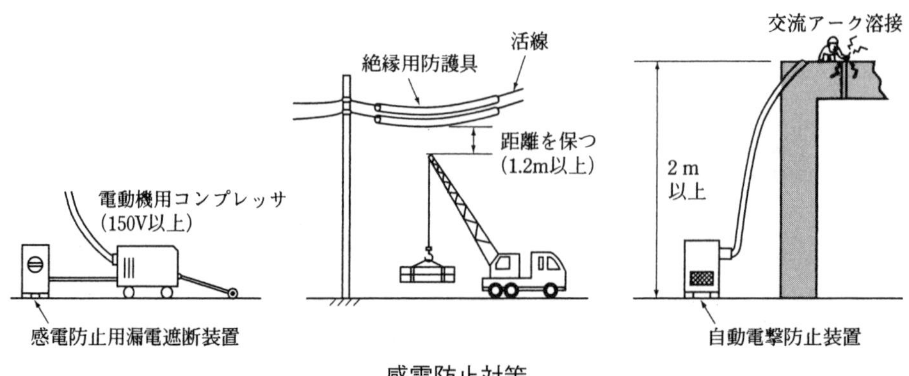

感電防止対策

1-7 仮設計画 仮設道路の設置について、不適当なものを２つ答えよ。

(1) 仮設道路の位置はゲートの位置と揚重場との動線上に設ける。
(2) 仮設道路の道路幅員は搬出入荷物の最大幅とした。
(3) 仮設道路はできるだけ労働者の歩行路と交差しないようにした。
(4) 仮設道路は撤去を前提とするため、軽微な断面とする。
(5) 仮設道路の構築材料は再生資源を活用するよう検討する。

解 答 (2)、(4)

ポイント解説

(2)：仮設道路の幅員は最大荷物幅に余裕の幅を見込んで定める。

(4)：仮設道路を通行する荷物の重量に対して安全な断面を設計する。一般には仮設道路は本設道路として利用することが多いため、堅固につくることが一般的である。

1-8 **仮設計画** 仮設事務所の配置について、不適当なものを２つ答えよ。

(1) 仮設事務所配置は盛替のない、人の管理の容易な場所を選定する。
(2) 仮設事務所には、監理事務所と工事事務所を設け、その規模は最大限とする。
(3) 仮設事務所には、職員が会議するスペースを確保するよう計画した。
(4) 仮設事務所が一定規模以上であっても建築士に設計によらないことができる。
(5) 給水、排水、電力などの供給が容易な位置に選定する。

解 答 (2)、(4)

ポイント解説

(2)：仮設事務所は必要最小限の規模とする。

(4)：一定規模以上の設計は建築士の設計による必要がある。

解 説 仮設事務所・仮設道路

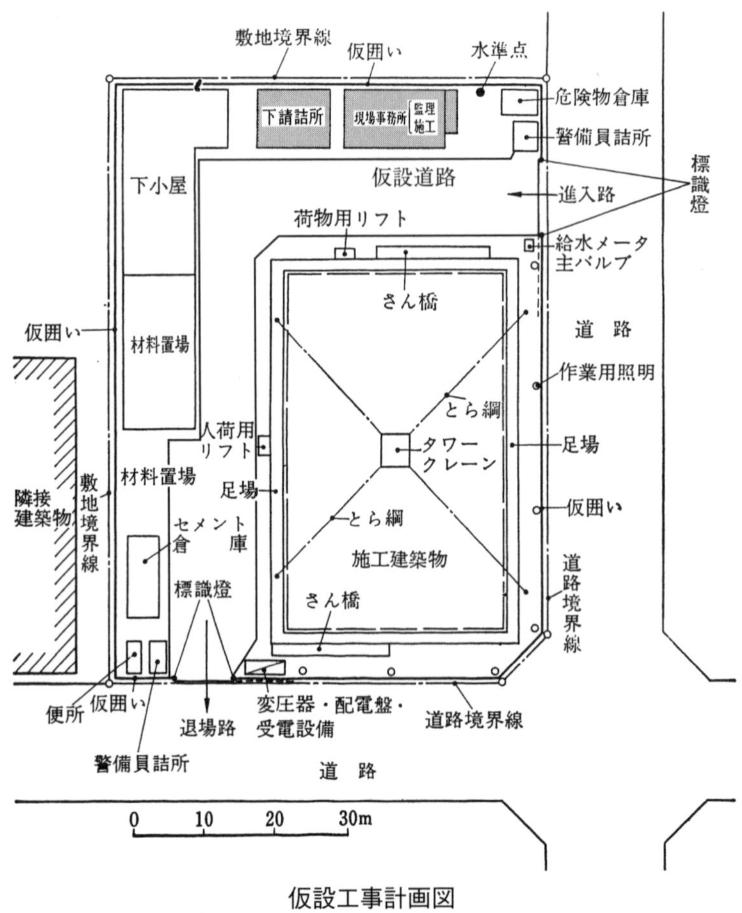

仮設工事計画図

1-9 仮設計画 仮囲いの設置について、不適当なものを２つ答えよ。

(1) 仮囲いは高さ 1.8m 以上とした。
(2) ゲート近くの仮囲いは、接触事故防止のためアクリル透明板を設置した。
(3) 通風対策として鋼製板として耐力の大きい剛性の高いものとした。
(4) 仮囲いの下端部は、通風のため仮囲い下端部を 10cm 程度地盤より高く取り付けた。
(5) 斜材・ころばし建地材は横地材と相互にクランプで緊結した。

解 答 (3)、(4)

ポイント解説

(3)：通風対策としては仮囲いにメッシュ枠を取り付け通風を良くする。

(4)：仮囲いの下端部は、現場の汚水が現場外に流出しないようコンクリートで間詰めして、構内に設けた排水溝で排水する。

解 説 仮囲い

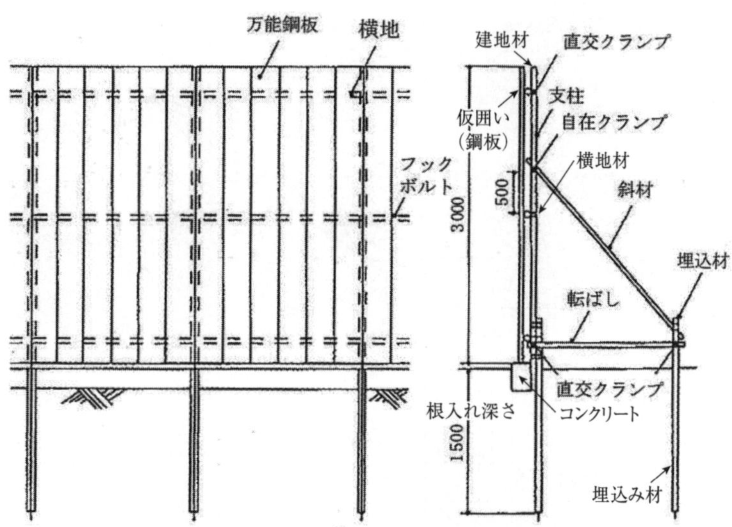

万能鋼板による鋼板製仮囲いの例

出典：建築工事標準仕様書・同解説JASS２仮設工事

1-10 仮設計画 クレーンの設置について、不適当なものを2つ答えよ。

(1) 鉄骨構造の高層建築物には移動式クレーンを、工場などの細長い鉄骨造には固定式クレーンを選定する。

(2) クレーンの揚重能力は鉄骨重量と他の揚重荷物の最大重量との大きい方で選定した。

(3) 固定式クレーンの基礎天端は水平としアンカーボルトでクレーンを基礎に固定した。

(4) 揚重機の設置場所はゲートからの導線長が短く、作業空間が確保できる位置とした。

(5) 揚重量を増大するため、時間外労働を延長する計画とした。

解答 (1)、(5)

ポイント解説

(1)：高層建築物の揚重には固定式クレーンを用い、工場などの細長い鉄骨造には移動式クレーンを用いることが多い。

(5)：揚重量の増大に対応するため、揚重機の高い性能のものを複数台設置する計画とし、計画の段階から時間外労働を見込む計画としてはならない。

解説 クレーンの特徴

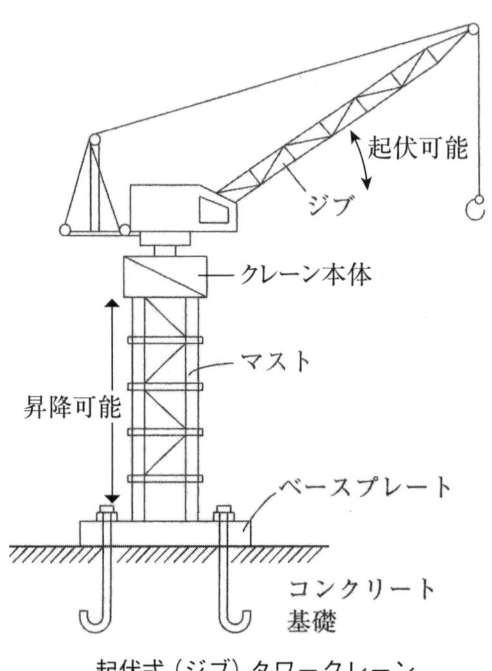

起伏式（ジブ）タワークレーン

移動式クレーン（クローラークレーン）	移動式クレーン（トラッククレーン）
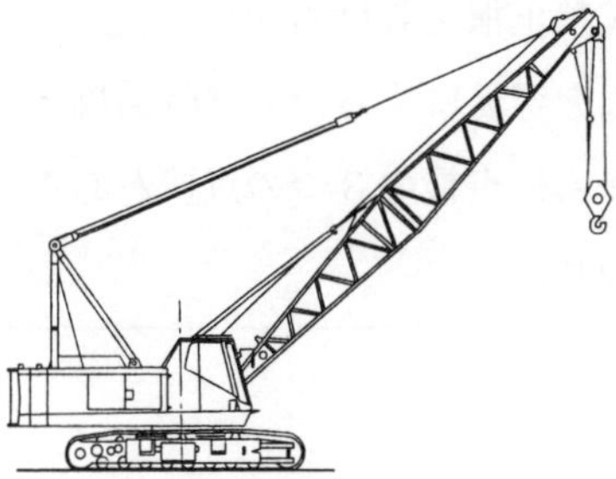	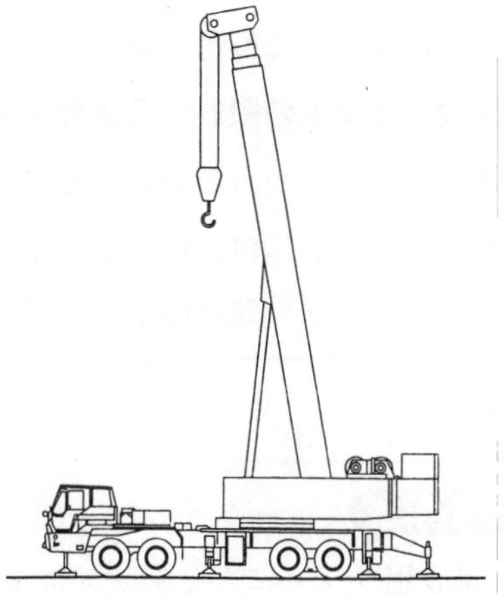
移動式クレーンのなかでは、機動性、走行性は劣るが安定性に優れ、不整地・軟弱地盤での走行性は良い。	作業現場まで迅速に移動し、容易に機体を設置してクレーン作業ができ、機動性に優れている。
ジブクレーン（傾斜ジブ式タワークレーン）	ジブクレーン（クライミング式つち形ジブクレーン）
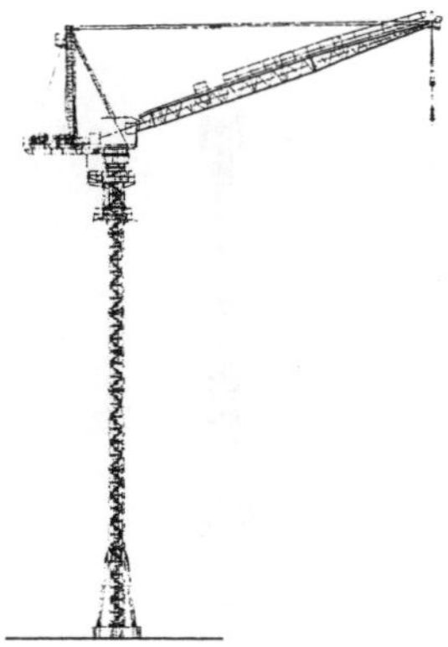	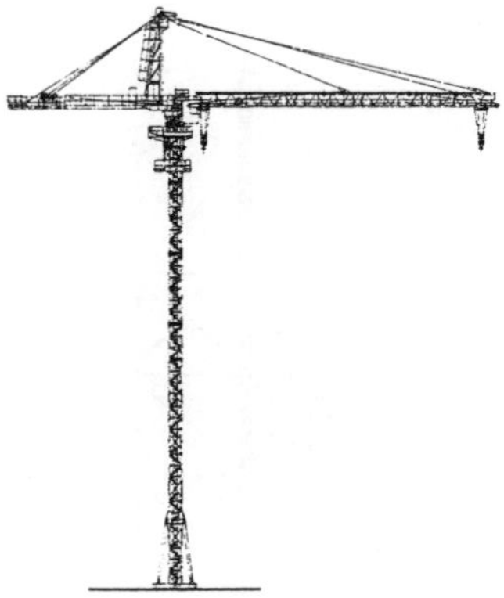
大質量の揚重に適し、市街地の狭い場所で、ジブの起伏動作によって作業半径を自由に取れるメリットがある。	ジブが水平で、つり荷をトロリーにて水平移動を行うことができ、クレーンの安定及び効率も良い。

出典：建築工事監理指針

1-11 仮設計画 建設用リフトの安全について、不適当なものを2つ答えよ。

(1) 建設用リフトは荷物と同時に人を揚重するものなので、重量制限を厳守する。
(2) 建設用リフトの搬器の落下等を考慮して、立入禁止柵を設ける。
(3) 建設用リフトからの資材の搬出入口は、搬出入を容易にするため常時開放とする。
(4) 建設用リフトには、作業前点検、月例点検、暴風後点検の3つの点検がある。
(5) 建設用リフトの運転時は、合図者に合図を行わせた。

解答 (1)、(3)

ポイント解説

(1)：建設用リフトに人を乗せてはならない。荷物だけを揚重する。
(3)：建設用リフトの各階の出入口は使用しないときは、金網等で常時閉鎖しておく。

解説 運搬用リフト・上下移動機械

建設用リフト	工事用エレベーター
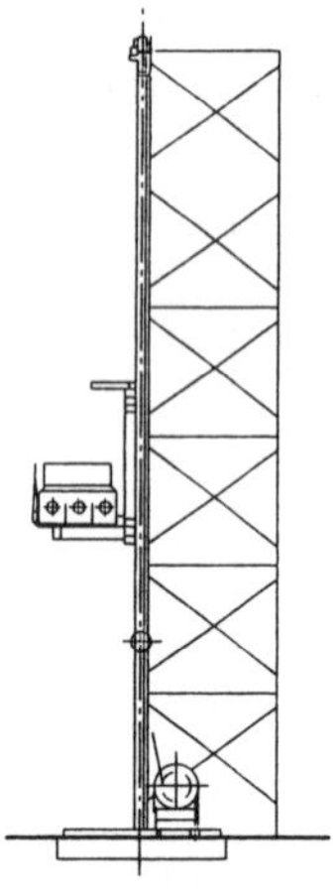	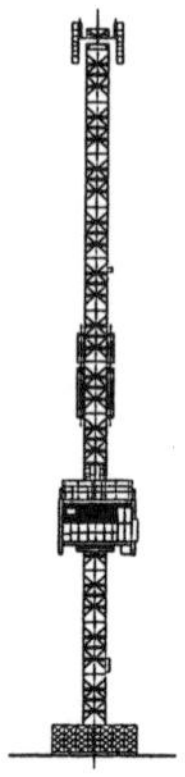
荷物だけを運搬し、人員の昇降は禁止されている。機種は多く、昇降方法はワイヤ式やラックピニオン式がある。	人員と荷物を一度に運搬でき、非常に効率が良い。大型の搬器に駆動モーターを備えたラックピニオン式が多い。

<table>
<tr><td>工事用エレベーター(ロングスパン工事用エレベーター)</td><td>水平運搬機械（フォークリフト）</td></tr>
<tr><td rowspan="4">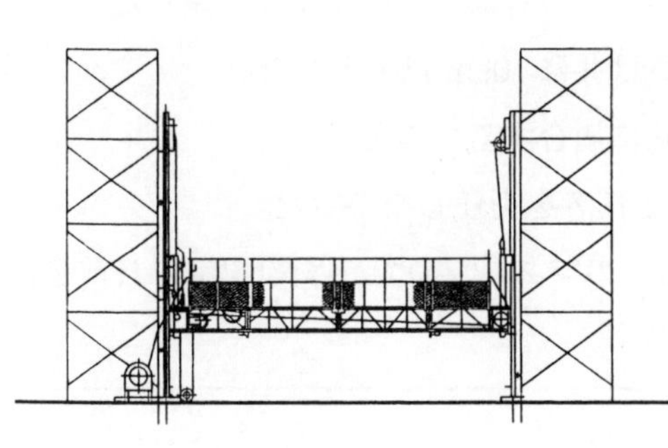</td><td>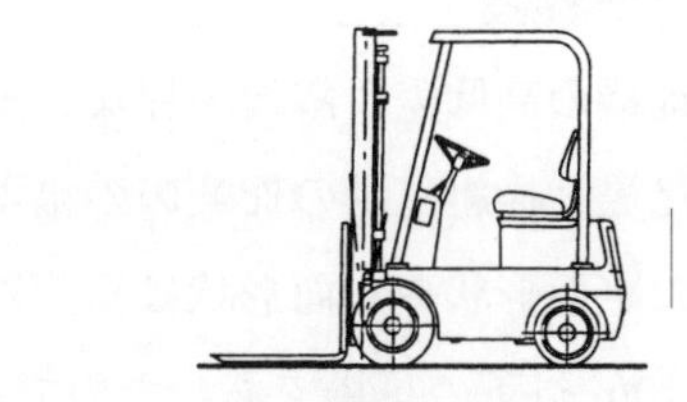</td></tr>
<tr><td>小回りがきき機動性に優れたはん用機種である。</td></tr>
<tr><td>水平運搬機械（運搬台車）</td></tr>
<tr><td rowspan="2">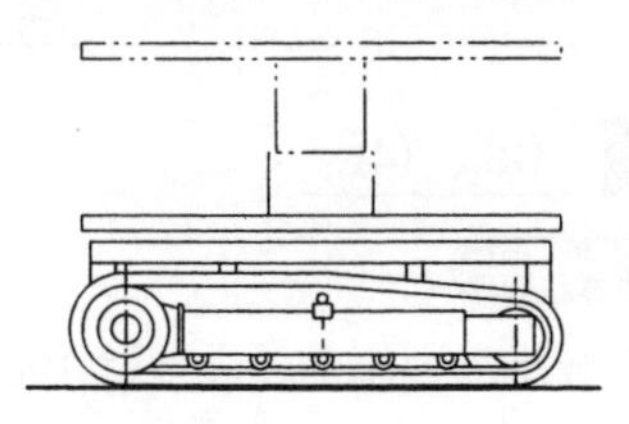</td></tr>
<tr><td>昇降速度 10m/min 以下で、数名の人員と長尺物の材料の運搬ができ、設置が簡単である。積載荷重 1t 前後の機種が多い。</td></tr>
<tr><td></td><td>不整地を走行し荷台が上下する機種もある。</td></tr>
</table>

出典：建築工事監理指針

1-12 仮設計画 外部足場の組立について、不適当なものを2つ答えよ。

(1) 敷地地盤の高低差、隣地境界など設置スペースと外部の危険防止を考慮した。
(2) 単管足場と枠組足場の作業床の幅木の高さは共に10cm以上とした。
(3) 足場の平面形状や立面形状は構造外壁形状に適合するものとした。
(4) 高さ10m以下の足場であったので、作業主任者を選任しなかった。
(5) 高さ10m以上の足場で60日以上設置するものであったので、作業開始30日前迄に計画を届け出た。

解答 (2)、(4)

ポイント解説

(2)：単管足場の幅木の高さは10cm以上、枠組足場の幅木の高さは15cm以上とする。
(4)：高さ5m以上の足場の組立・解体作業には作業主任者を選任する。

解説 単管足場と枠組足場

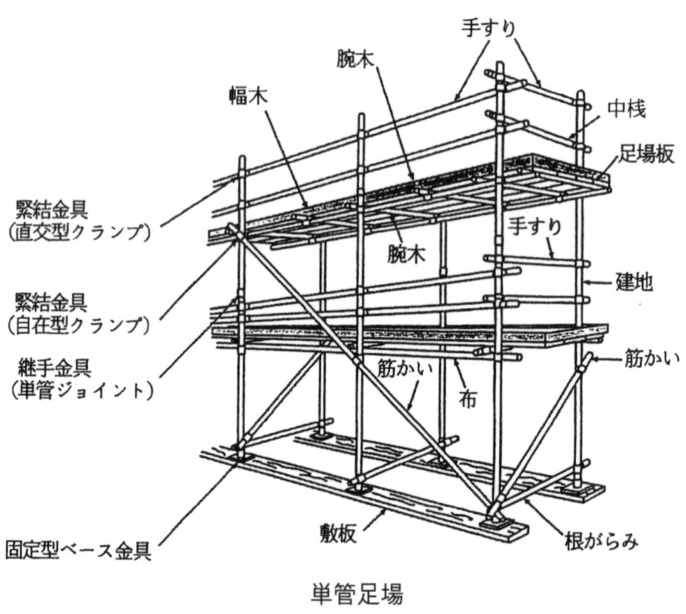

単管足場

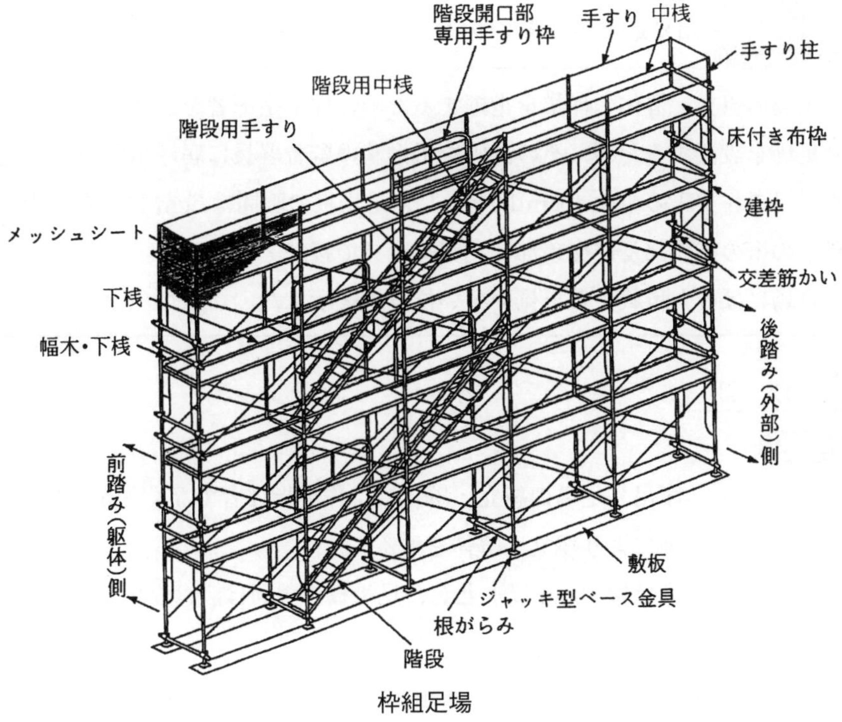
階段開口部
専用手すり枠
手すり
中桟
手すり柱
階段用中桟
階段用手すり
床付き布枠
建枠
メッシュシート
交差筋かい
下桟
幅木・下桟
後踏み（外部）側
前踏み（躯体）側
敷板
ジャッキ型ベース金具
根がらみ
階段
枠組足場

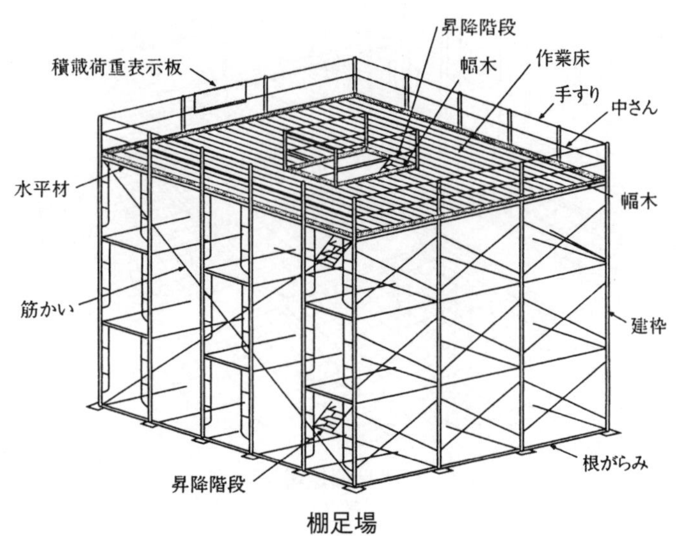
昇降階段
積載荷重表示板
幅木
作業床
手すり
中さん
水平材
幅木
筋かい
建枠
根がらみ
昇降階段
棚足場

1-13　仮設計画　吊り足場の設置について、不適当なものを 2 つ答えよ。

(1) 吊り足場の組立・解体の作業を指揮するため、作業指揮者を選任した。
(2) 吊り足場を設置するため、その計画を労働基準監督署長に届け出た。
(3) 吊り足場の作業床の幅は 40cm 以上とし、足場板の隙間は 3cm 以下とした。
(4) 棚足場の桁の接続部及び交差部は、緊結金具で接続・緊結した。
(5) 吊り足場には最大積載荷重を見やすい位置に表示した。

解　答　(1)、(3)

ポイント解説

(1)：高さにかかわらず吊り足場の組立・解体には作業指揮者でなく作業主任者を選任して、その者の指揮により組立・解体をする。
(3)：吊り足場の作業床は幅 40cm 以上とし、足場板の隙間は設けない。

解　説　つり足場

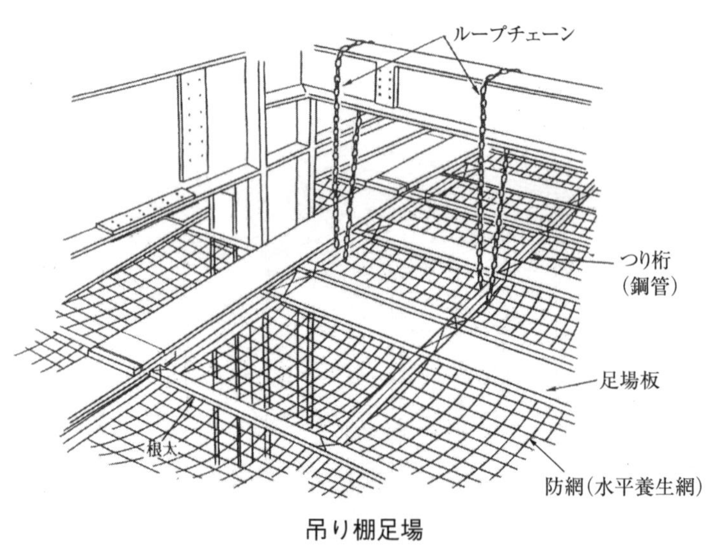

吊り棚足場

1-14 仮設計画 移動式クレーンについて、不適当なものを2つ答えよ。

(1) 移動式クレーンの選定に際し、作業半径、吊上げ最大荷重、性能曲線を考慮する。
(2) 小型移動式クレーンの吊上げ荷重が1t以上、5t未満の運転には、特別の教育修了者とした。
(3) 送電線近くの作業であったので、絶縁用防護措置をし、かつ安全離隔距離を守った。
(4) 移動式クレーンを設置する地盤が堅固であっても、鉄板敷としなければならない。
(5) 作業開始前の点検ではブレーキ、クラッチの他、巻過防止装置、コントローラ等を点検した。

解答 (2)、(4)

ポイント解説

(2)：1t以上5t未満の小型移動式クレーンの運転は、運転免許証の所有者又は技能講習の修了者とする。

(4)：地盤が堅固で安定しているときは、鉄板を敷かなくてもよい。

解説 移動式クレーン

移動式クレーン（小型クローラークレーン）	移動式クレーン（カニクレーン）
5t未満の揚重能力があり、不整地を走行し揚重作業を行う。限られた空間内で使用される	建築工事では、躯体の完了後、限られた空間内で狭い場所に入り揚重作業を行うことができる。

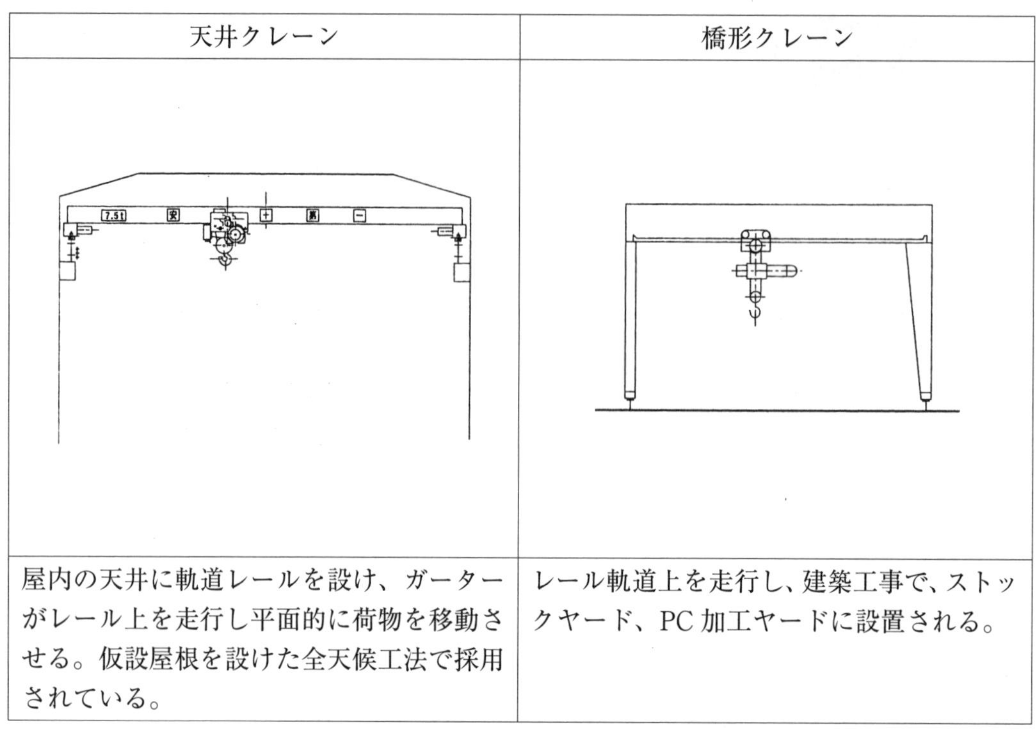

天井クレーン	橋形クレーン
屋内の天井に軌道レールを設け、ガーターがレール上を走行し平面的に荷物を移動させる。仮設屋根を設けた全天候工法で採用されている。	レール軌道上を走行し、建築工事で、ストックヤード、PC 加工ヤードに設置される。

出典：建築工事監理指針

1-15 労働者災害防止対策 足場の組立解体について、不適当なものを２つ答えよ。

(1) 事業者の作成した5m以上の足場組立図を基に作業主任者の指揮で組み立てる。
(2) 組立解体又は変更の時期・範囲及び順序を労働者に周知した。
(3) 組立解体の作業現場には、関係労働者以外の立入を禁止するため柵を設けた。
(4) 悪天候で危険が予想されたため、安全帯を着用させて安全に施工した。
(5) 足場を取り付けるのに使用する移動できる足場板の幅を20cmとした。

解答 (4)、(5)

ポイント解説

(4)：悪天候で作業に危険が予想されるときは、事業者は作業を中止する。
(5)：足場の組立作業に使用する移動できる足場板の幅は40cm以上とする。

解説 足場の組立・解体

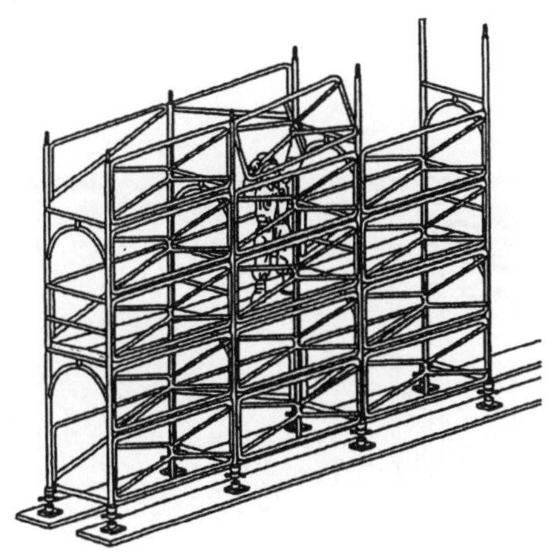
手すり先行専用足場

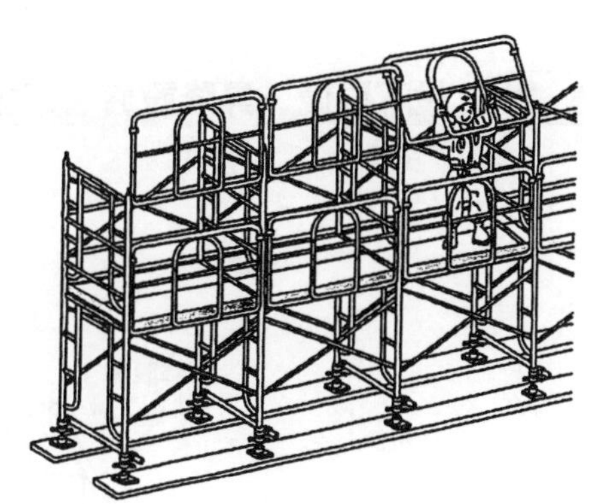
手すり据置方式足場

1-16	労働者災害防止対策	足場組立作業について、不適当なものを 2 つ答えよ。

(1) つまずき、すべり、踏抜のないよう足場の作業床の作業面を整備した。
(2) 通路の作業床の手すりの高さ 85cm 以上、幅木の高さ 10cm 以上、中桟 45cm に設けた。
(3) 手すりを取り外したが防網を取り付けるのが困難なため、安全帯（墜落制止用器具）を使用させた。
(4) 高さ 2m 未満の箇所での作業なので、昇降設備を設けなかった。
(5) スレート屋根の上での作業のため幅 30cm の歩み板と防網を張った。

解　答　(3)、(4)

ポイント解説

(3)：手すりを取り外して作業するときは、安全帯（墜落制止用器具）を着用しかつ防網を張らなければならない。

(4)：高さ又は深さ 1.5m を超える箇所での作業には、安全に昇降できる昇降設備を設けなければならない。

解　説　投下設備・昇降設備・仮設通路

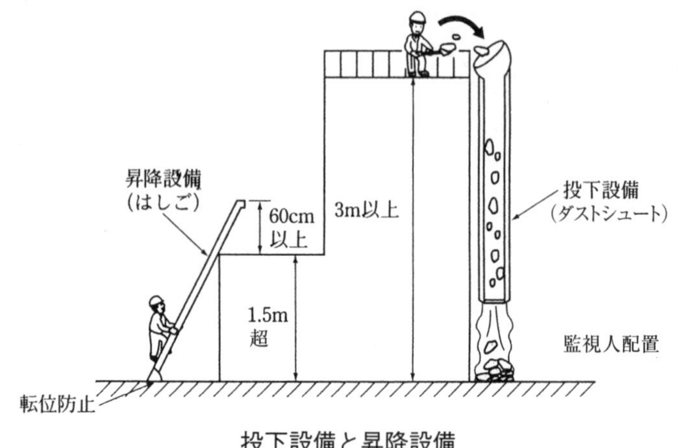

投下設備と昇降設備

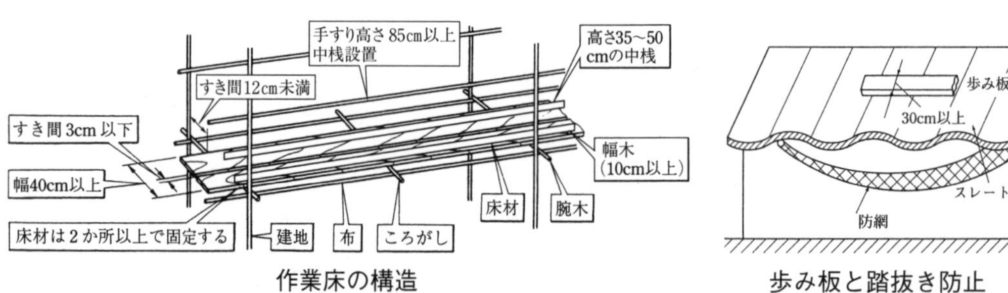

作業床の構造

歩み板と踏抜き防止

1-17 労働災害防止対策 移動式足場について、不適当なものを2つ答えよ。

(1) 移動式足場の手すりの高さは85cm以上として幅木高さを10cm以上とした。
(2) 移動式足場の最大積載荷重を見やすい箇所に表示した。
(3) 労働者を乗せて移動するときは安全帯（墜落制止用器具）を確実に取り付けさせた。
(4) 作業開始前には、ブレーキや控え枠の取り付け状態を点検した。
(5) 移動式足場作業床上での脚立の使用を禁止した。

解答 (1)、(3)

ポイント解説

(1)：移動式足場の手すりの高さは90cm以上とする。

(3)：移動式足場の移動は労働者を全員おろしてから行う。

解説 移動式足場

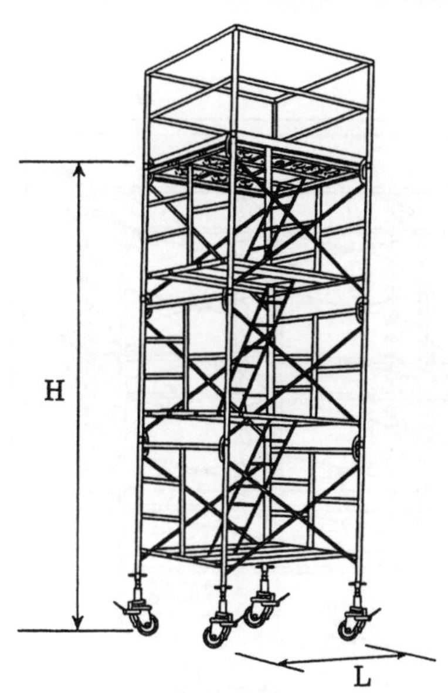

移動式足場の例

出典：建築工事監理指針

1-18 労働災害防止対策 外部枠組足場について、不適当なものを2つ答えよ。

(1) 壁つなぎのアンカーボルトは躯体に堅固に取り付けた。
(2) 脚部には敷板を敷きベース金具を用い固定し、根がらみを取り付けた。
(3) 壁つなぎは水平間隔5.5m以下、鉛直間隔5.0m以下としなければならない。
(4) 水平材は最上階と6層ごとに設けた。
(5) 高さ20mの枠組足場は、主枠高さ2.0m以下、主枠間隔を1.85m以下とした。

解答 (3)、(4)

ポイント解説

(3)：枠組足場の壁つなぎは単管足場（水平間隔5.5m、鉛直間隔5.0m）と異なり水平間隔9m、鉛直間隔8m以下とする。

(4)：枠組足場の水平材は最上階と5層以内ごとに設ける。

解説 外部足場・壁つなぎ

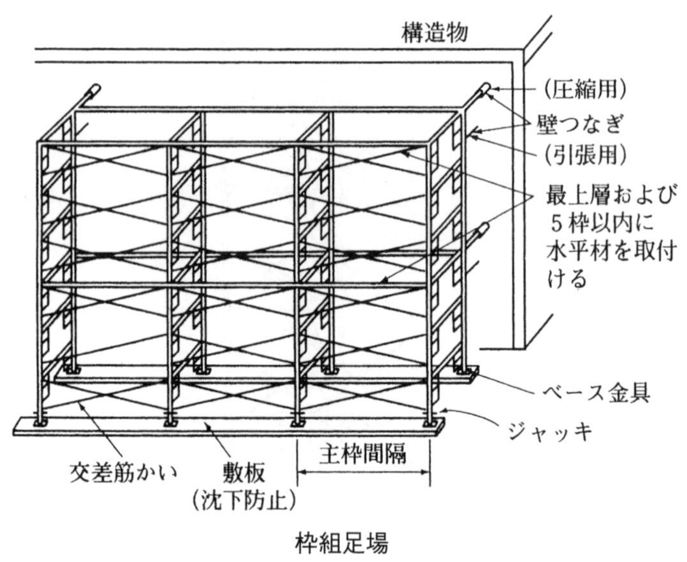

枠組足場

1-19 労働災害防止対策 飛来・落下対策について、不適当なものを2つ答えよ。

(1) 足場上の作業で、上下同時作業の工程を禁止した。
(2) 高さ7mから物体を投下する場合、投下設備を設けなくてもよい。
(3) 道路に面した足場からの落下を防止するため、1.5m突出して防護棚を設けた。
(4) 足場外部には全面的に養生シートを張って端材の落下を防止した。
(5) 足場と躯体の空隙部にもネットを張り落下・飛来を防止した。

解答 (2)、(3)

ポイント解説

(2)：高さ3m以上から物体を投下するときは、ダストシュート等の投下設備を設け、監視人を置く。

(3)：道路に面した防護棚の防護板の突出し長さは、足場から水平距離で2m以上突出す。

解説 防護棚

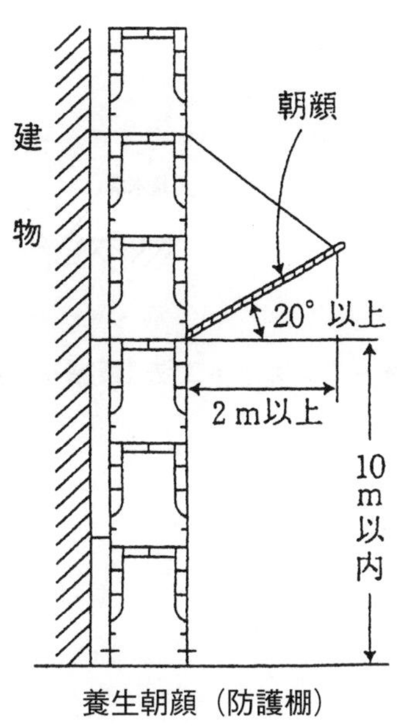

養生朝顔（防護棚）

1-20	労働災害防止対策	崩壊・倒壊対策について、不適当なものを２つ答えよ。

(1) 仮囲いは対風対策として、仮囲いの一部にメッシュ枠を取り付け風圧を緩和した。
(2) 杭打機の転倒を防止するため、据付け地盤に鋼板を敷いた。
(3) 根切り法面は降雨による崩壊を防ぐため法面勾配を急にした。
(4) 足場の倒壊を防止するため、壁つなぎの間隔を拡大した。
(5) 乗入れ構台の倒壊を防止するため、ブレースと水平材の本数を増やした。

解　答　(3)、(4)

ポイント解説

(3)：根切り法面の崩壊を防止するには法面勾配を緩くする。
(4)：足場の倒壊を防止するには、壁つなぎの間隔を狭くする。

解　説　オープンカット工法

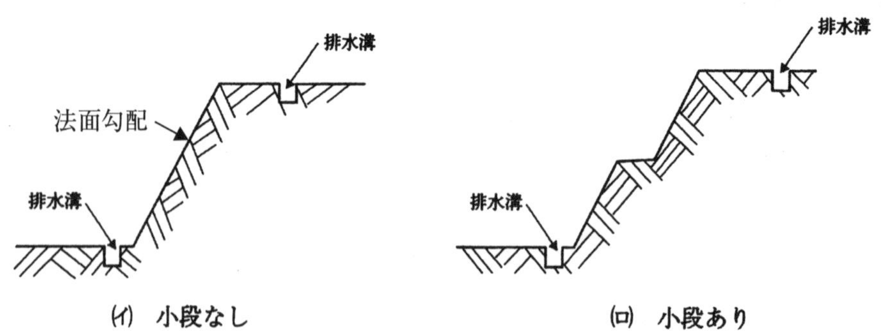

法付けオープンカット工法（素掘り、空掘り）

1-21 労働災害防止対策 溶接機による感電防止で、不適当なものを2つ答えよ。

(1) 電源を入れる前に溶接機がアースされていることを確認した。
(2) 高さ2m以上の鉄骨上でアーク溶接をするため、感電防止用漏電遮断器を取り付けた。
(3) 交流アーク溶接棒のホルダーはJISに定めた絶縁性能のあるものを用いた。
(4) 屋外でのアーク溶接であるため、呼吸用保護具（防じんマスク）を使用しなかった。
(5) 作業の開始前には必ずホルダー等の点検を行う。

解　答　(2)、(4)

ポイント解説

(2)：交流アーク溶接機を用いて高さ2m以上の鉄骨上で作業するときは自動電撃防止装置を備えなければならない。

(4)：交流アーク溶接時は屋外でも屋内であっても呼吸用保護具（防じんマスク）を使用しなければならない。

1-22 労働災害防止対策 重機安全対策について、不適当なものを２つ答えよ。

(1) 重機と労働者の接触を防止するために、誘導者に誘導させた。
(2) 指名された誘導者は一定の合図を定め、その合図により重機を誘導する。
(3) ダンプカーへの積込みは、バックホウのバケットは運転席上を通過する方向に誘導する。
(4) 事業者は 10km/h を超える建設機械を用いるとき、地形・地質に応じて速度を制限する。
(5) 杭打作業では杭打機の転倒防止のため、杭吊り込み用クレーンを別途設置する。

解答 (2)、(3)

ポイント解説

(2)：合図を定めるのは事業者で、合図するのは誘導者である。

(3)：ダンプカーへの積込みは、ダンプカーの運転席上をバケットを通過させないようダンプカーの後方から積み込む。

解説 根切りの積込み

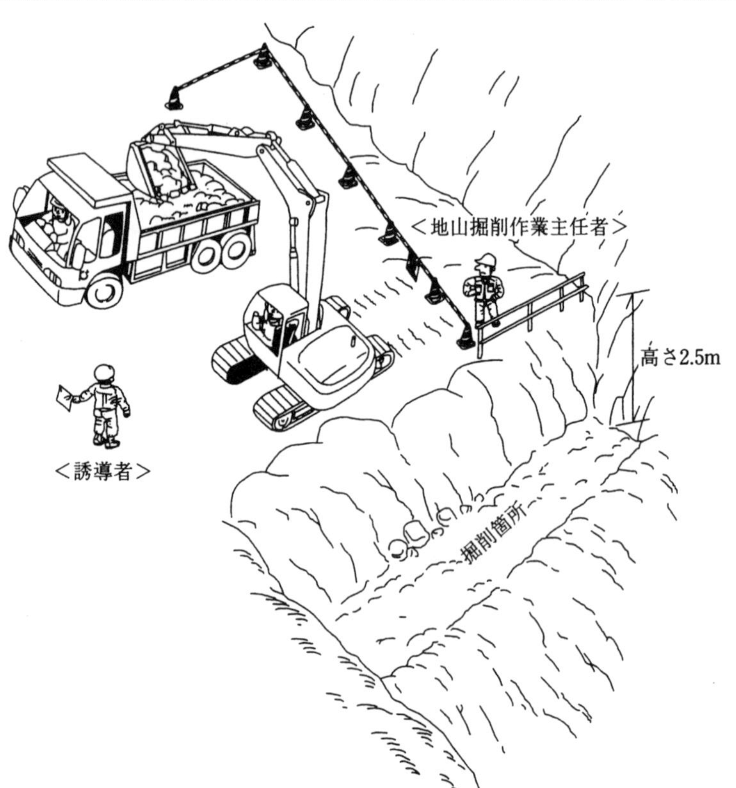

油圧ショベル（バックホウ）による掘削土の積込み作業状況図

1-23 労働災害防止対策 重機作業について、不適当なものを2つ答えよ。

(1) 機体重量3t以上のバックホウの運転には、技能講習の修了者を選任した。
(2) バックホウのアームを利用したクレーン作業をするよう計画した。
(3) 重機の作業前点検はブレーキとクラッチだけとした。
(4) つり上げ荷重が5トン未満の移動式クレーンの運転者を技能講習修了者とした。
(5) 明るい昼間の作業しか行わない重機にあっても前照灯を具備する。

解　答 (2)、(5)

ポイント解説

(2)：原則としてバックホウの主たる用途は掘削機であり、クレーン作業をバックホウに行わせる計画としてはならない。

(5)：照度の保持されている場所でしか使用しない重機には、前照灯を具備しなくてもよい。

解　説　建設機械の用途外使用禁止

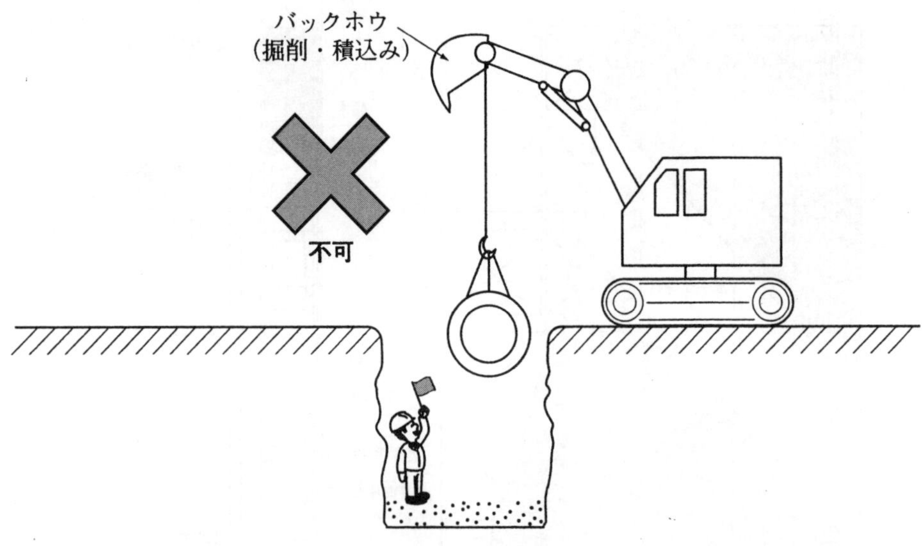

用途外使用の禁止

1-24 **労働災害防止対策** 公衆災害防止について、不適当なものを2つ答えよ。

(1) 道路に面した防護棚は、道路の足場に取り付け、作業中の端材の落下を防止する。
(2) 道路に面した足場には全面養生シートを張り、公衆への飛来を防止する。
(3) 養生シートは風の強い地域ではできるだけ網目の細かいものを選定する。
(4) ゲート近くの仮囲に透明のアクリル板を用いて公衆と運搬車との接触を防いだ。
(5) 軟弱地盤の根切に伴う沈下を防止するため、親杭横矢板の山留め壁を設けた。

解答 (3)、(5)

ポイント解説

(3)：耐風養生シートを用いる時は、網目の粗いものを選定する。

(5)：軟弱地盤の山留め壁は、鋼矢板を用いて、根入れを大きくとりヒービングやボイリングを防止する。

解説 工事用シート取付け

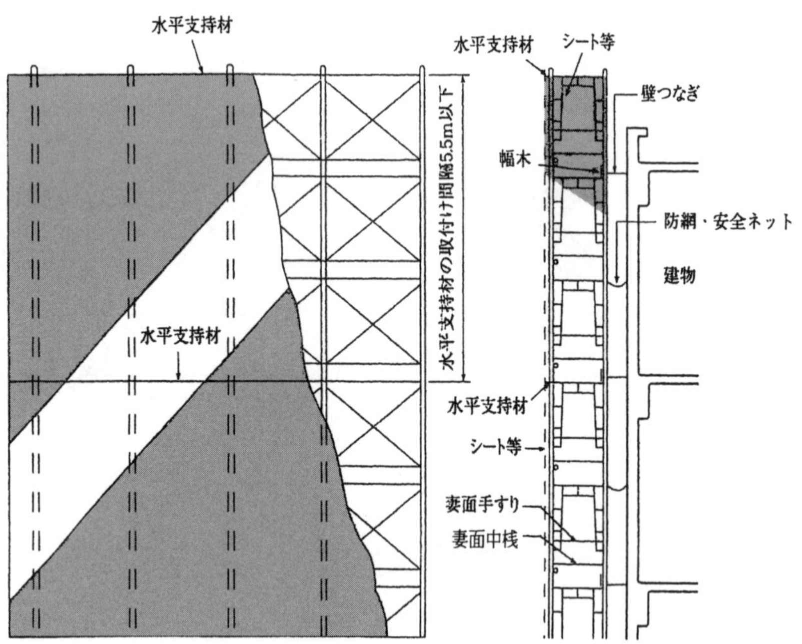

工事用シートの取付け例

出典：建築工事監理指針

● 第2章 躯体工事基礎能力・管理知識

2-1 躯体工事の一括要約

□ 重要テーマ

工事の種類	テーマ	項　目		管理のポイント
事前調査・仮設	1	平板載荷試験の載荷板	(1)	普通土は直径30cmの円板を使用する。
			(2)	直径6cm以上の礫質土は直径75cmの大型円板を使用する。
	2	仮設通路	(1)	機械間の道路幅は80cm以上とする。
			(2)	登桟橋高さ8m以上のとき、7m以下に踊場を設置する。
	3	クレーンの選定	(1)	ラフテレーンクレーンは軟弱地盤の走行に適する。
			(2)	タワー式クレーンは、直ブーム式クレーンより構造物に近接して施工できる。
土工事	4	根切工事	(1)	ヒービングは軟弱粘性土地盤の掘削底面で生じる。
			(2)	ボイリングは砂質地盤で地下水位の高いときに生じる。
	5	床付け面作業	(1)	床付け面は手掘り厚さ30～50cmを残して仕上げる。
			(2)	床付け面を機械で仕上げるときは平状バケットに取り替て行う。
	6	排水工法	(1)	ウェルポイント工法は狭い範囲で小量の地下水を排水するのに適する強制排水工法である。
			(2)	ディープウェル工法は、広い範囲で大量の地下水を排出するのに適する重力排水工法である。
	7	山留め工事	(1)	交差する2段の切梁のプレローディングは、下段を先行して加圧する。
			(2)	交差する2段の切梁の長さの短辺側（下段）から先にプレロードする。
地業工事	8	オールケーシング工法	(1)	オールケーシング工法はケーシングチューブで孔壁を保護する。
			(2)	オールケーシング工法はハンマグラブで掘削する。

工事の種類	テーマ	項　目		管理のポイント
地業工事	9	アースドリル工法	(1)	杭心とケリバーの中心を合わせ掘削し、表層ケーシングを挿入する。
			(2)	ケリバーの先端にはドリリングバケットを取り付けて孔内の土砂を掘削排土する。
鉄筋工事	10	ガス圧接継手	(1)	圧接面のふくらみは鉄筋径の1.4倍以上とする。
			(2)	第1種の圧接資格者は、異径鉄筋D25以下の範囲の鉄筋が圧接できる。
	11	圧接鉄筋の継手	(1)	圧接鉄筋の中性炎加熱範囲は鉄筋径の2倍程度とする。
			(2)	圧接鉄筋の配筋は隣接鉄筋の隣り合う圧接点を相互に400mm離す。
	12	圧接欠陥処理	(1)	ふくらみ不足のときは、再加熱・再加圧で修正する。
			(2)	偏心量が規定を超えた時、圧接部切取り再圧接する。
型枠工事	13	型枠支保工	(1)	高さ3.5m以上のパイプサポートは高さ2m以内ごとに2方向に水平つなぎを設ける。
			(2)	丸セパレータの締付け金具と、内端太との距離はできるだけ接近させる。
	14	型枠側圧	(1)	気温の低いほど型枠の側圧は大きい。
			(2)	型枠面の摩擦が大きいほど型枠の側圧は小さい。
コンクリート工事	15	コンクリートの施工	(1)	1台の振動機（直径45mmの振動棒）による締固めの量は10〜15m³/hである。
			(2)	暑中コンクリート（25℃超）は練り始めから打込み終了までの時間は90分以内とする。
	16	コンクリートの施工	(1)	縦シュートのコンクリート投入口と排出口との水平間隔は、垂直方向の打込み高さの1/2程度とする。斜シュート勾配30度以上とする。
			(2)	レディーミクストコンクリートの砂（細骨材）の塩化物含有量はNaClに換算して0.04%以下とする。

工事の種類	テーマ	項　目		管理のポイント
鉄骨工事	17	鉄骨の接合	(1)	スタッドの1ロットは100本以下とする。
			(2)	高力ボルトの締付けは、平均回転角±30°を合格とする。
			(3)	アーク溶接の風による影響で窒素ガスの混入で溶着金属中に気泡（ブローホール）が残る溶接の欠陥が生じる。
	18	スタッド溶接	(1)	スタッドの検査の1ロットは100本以下である。
			(2)	スタッドの限界許容差は高さ±2mm、傾斜角は5°以内である

2-2 躯体工事の問題解説

2-1 事前調査・仮設 平板載荷試験について、不適当なものを2つ答えよ。

(1) 平板載荷試験は、地盤の支持力特性を直接求めるために行う。
(2) 平板載荷試験の平板は直径20cmの円板また礫土では75cmの大型円板とする。
(3) 試験地盤の礫の直径が円板径の1/3程度以上では大型円板を使用する。
(4) 試験地盤の水平ならし範囲は載荷板の直径の3倍以上とする。
(5) 計画最大荷重の値は、長期設計荷重の3倍以上を設定する。

解答 (2)、(3)

ポイント解説

(2)：一般の地盤では載荷板の円板直径は30cmである。
(3)：大型円板は、礫の直径が普通円板径の1/5（30/5＝6cm）程度以上のときに、大型円板75cmを用いる。

解説 平板載荷試験

図に示すように、地盤の平板載荷試験は**直径30cm**の円形の載荷板（円板）に油圧ジャッキで圧力をかけて、荷重強さを地盤の沈下量で除して地盤の支持力特性を求める。このときの地盤の支持力を地盤係数またはK値で表す。K値（地盤係数）の大きな地盤は支持力の大きな地盤といえる。なお、図のプルービングリングは油圧と地盤の支持力により圧縮力を受けて0.25cm変形し、この変形量になったとき、深さは直径の1.5〜2.0倍程度の地盤の支持力特性を求めるものである。

平板載荷試験を行うときは、載荷板の中心から、載荷板の直径の3倍以上の範囲を、水平に整地しなければならない。また、計画最大荷重は、長期設計荷重の3倍以上に設定する。

試験地盤に礫が混入している場合には、礫の最大直径が円板径の1/5程度を目安とし、この条件を満たさない場合は大型の円板を用いることが望ましい。

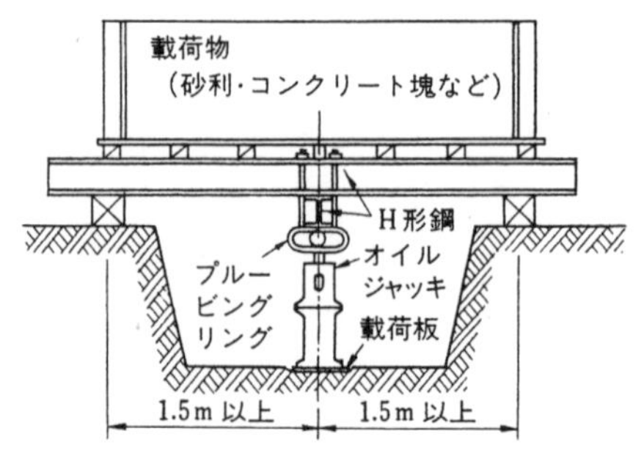

載荷板
厚さ22mm以上の鋼製円板で，直径が30cm，40cm及び75cmのもの

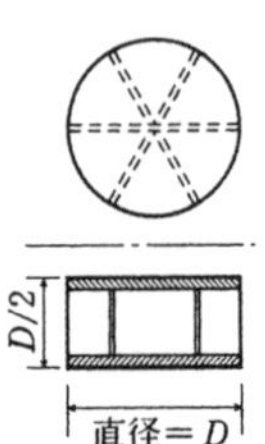

平板載荷試験装置

2-2	仮設計画・仮設	作業場の仮設通路について、不適当なものを２つ答えよ。

(1) 屋内の通路面からの高さ 1.8m 以内の位置に、障害物を置いてはならない。
(2) 機械間または機械と他の設備との間の通路は幅 75cm 以上とする。
(3) 高さが 8m 以上の登り桟橋には 8m 以内ごとに踊場を設ける。
(4) 通路の足場板の勾配が 15 度を超えるとき、踏桟を設ける。
(5) 足場板の勾配が 30 度を超えるとき階段とする。

解答 (2)、(3)

ポイント解説

(2)：機械間の通路等は幅 80cm 以上とする。
(3)：高さ 8m 以上の登り桟橋には高さ 7m 以内ごとに踊場を設ける。

解説 仮設通路

ハッチ式床付き布枠と昇降はしごが一体となった通路

鉄骨用通路

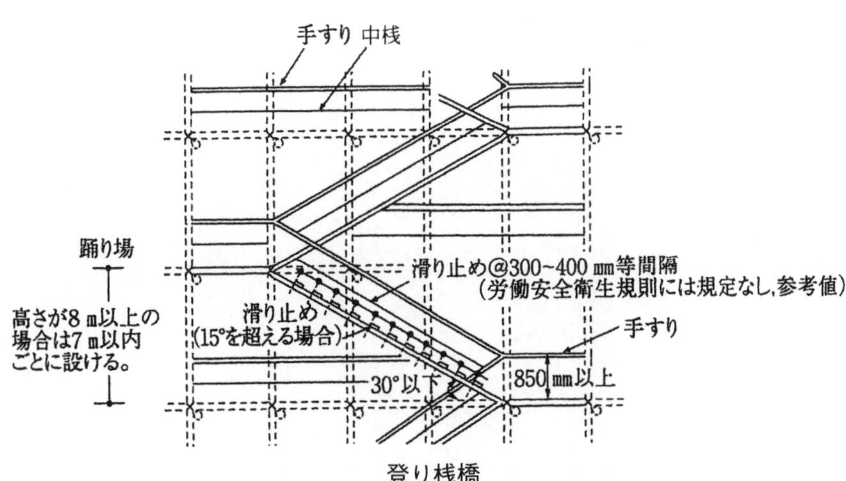

登り桟橋

2-3 事前調査・仮設 クレーンの選定について、不適当なものを2つ答えよ。

(1) 水平式クレーンと起伏式クレーンとでは起伏式の方が揚程が高くとれる。
(2) トラッククレーン車は、クレーン運転席とトラック運転席とは別々に設けてある。
(3) ラフテレーンクレーンはトラッククレーンより、軟弱地盤の走行に適していない。
(4) 移動式クレーンには、クローラ（履帯式）とホイール（車輪式）とがある。
(5) クローラクレーンの直ブーム式はタワー式より、構造物により近接施工できる。

解答 (3)、(5)

ポイント解説

(3)：ラフテレーンクレーンは四輪駆動で軟弱地盤の走行に適する。
(5)：タワー式クレーンは直ブーム式クレーンより構造物に近接できる。

解説 タワー式と直ブーム式クレーン

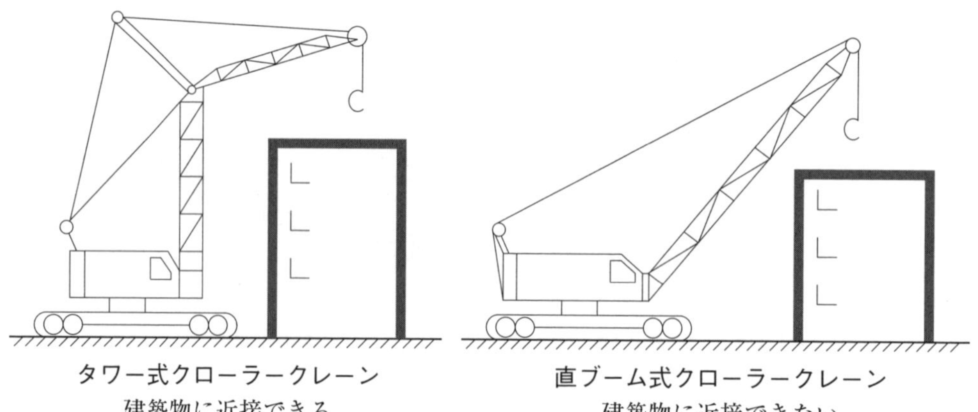

タワー式クローラークレーン
建築物に近接できる

直ブーム式クローラークレーン
建築物に近接できない

2－4　土工事　根切り工事において、不適当なものを２つ答えよ。

(1) 砂地盤で水の浸透力により生じる現象にクイックサンドがある。
(2) 砂地盤の根切底面に発生したクイックサンドで生じる崩壊はヒービングである。
(3) 粘性土地盤の根切底面に発生した盤ぶくれはボイリングである。
(4) ヒービングやボイリングが発生すると、隣接地盤に不同沈下が発生する。
(5) 被圧地下水により生じる根切底面の盤ぶくれは不同沈下は発生しない。

解　答　(2)、(3)

ポイント解説

(2)：ヒービングは粘性土地盤に生じる現象である。
(3)：ボイリングは砂地盤に生じる現象である。

解　説　地盤の異常現象

1. ヒービング対策

軟弱な粘性土地盤を根切りするとき、根切りした底面の土圧が減少するため掘削底面が水圧や土圧により山状に盤ぶくれして、隣接地盤の沈下が発生する現象をヒービングという。その対策として、次の措置をすることができる。

① 鋼矢板の根入れを深くする。
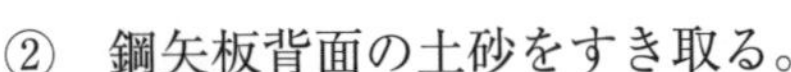
② 鋼矢板背面の土砂をすき取る。
③ 床付け地盤をセメント・石灰で安定処理する。
④ 部分掘削して部分的に基礎を施工する。

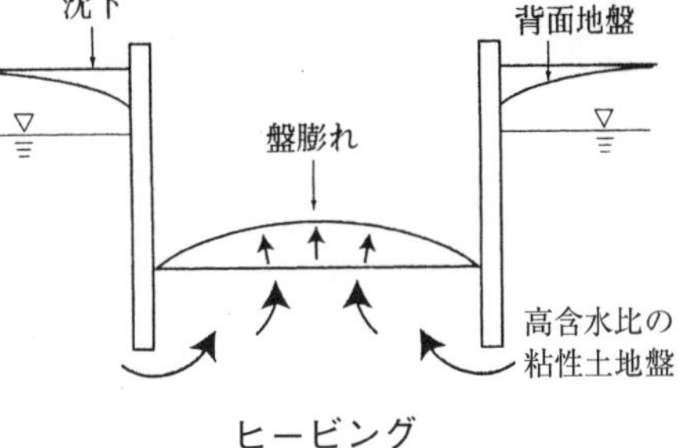

ヒービング

2. 盤膨れ対策

被圧地下水によって掘削底面が膨れ上がる現象を盤膨れという。被圧地下水による盤膨れでは、ヒービング現象による盤膨れとは異なり、背面地盤の沈下は生じない。その対策としては、次のような措置がある。

① ディープウェル工法を用いて被圧地下水圧を低下させる。
② 掘削底面の地盤を改良する。

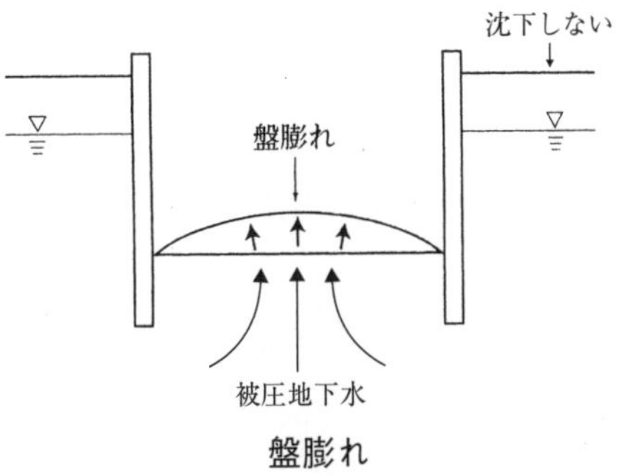

盤膨れ

3. ボイリング対策

ゆるい砂質土地盤で地下水位が高いとき、根切りにより、掘削底面の土圧が減少するため掘削底面が下からの水圧と土圧で、水と土砂が湧き出す現象をボイリングという。ボイリング対策は次のようである。

① ウェルポイントや深井戸工法で地下水位を低下させる。

② 鋼矢板の根入れ深さを深くする。

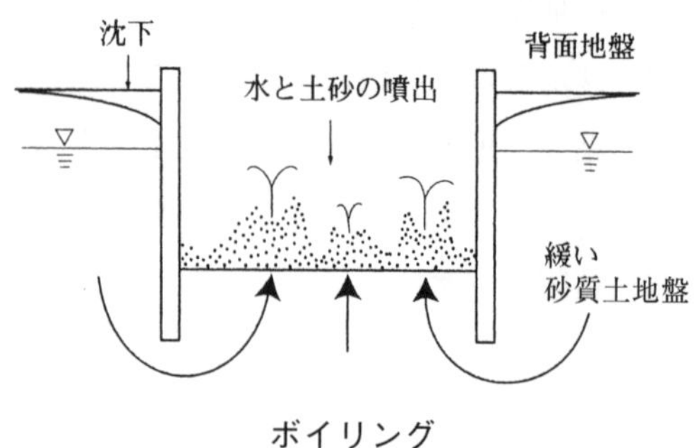

ボイリング

[2]-5　土工事　根切り床付け作業で、不適当なものを 2 つ答えよ。

(1) 根切底面の床付け面は、深さ 5cm ～10cm を手掘で仕上げる。

(2) 床付け面の仕上げは、ショベルのバケットの刃を爪状のものに取替えて仕上げた。

(3) 雨により床付け面が軟化しないよう、素掘排水溝を設けた。

(4) 砂質地盤を過掘したときは、良質土を補足して小型建設機械で十分に締め固める。

(5) 粘性土地盤を過掘したときは、セメント・石灰を混合して、締め固めるか良質土に置換して締め固める。

解　答　(1)、(2)

ポイント解説

(1)：床付け面は 30～50cm 程度を手掘して仕上げる。

(2)：機械で仕上げるときは、バケットは平状の特殊なものでゆっくり切削して仕上げる。

解　説　根切りと床付けバケット

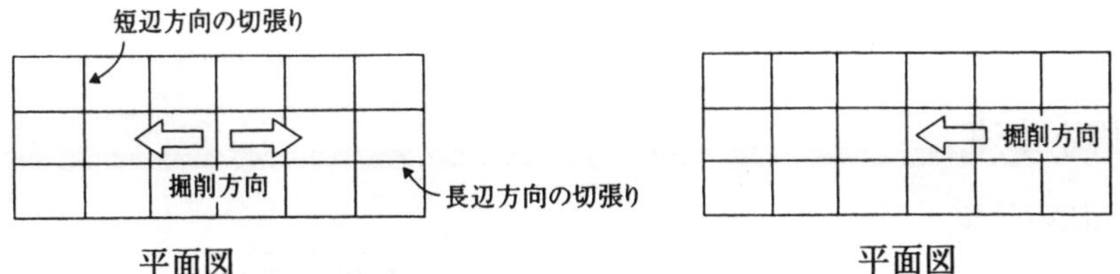

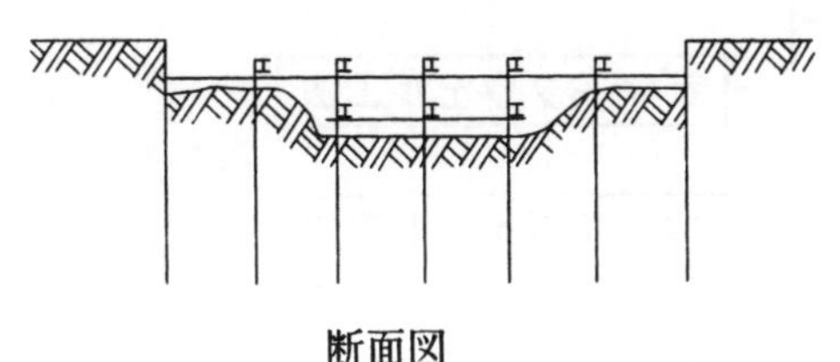

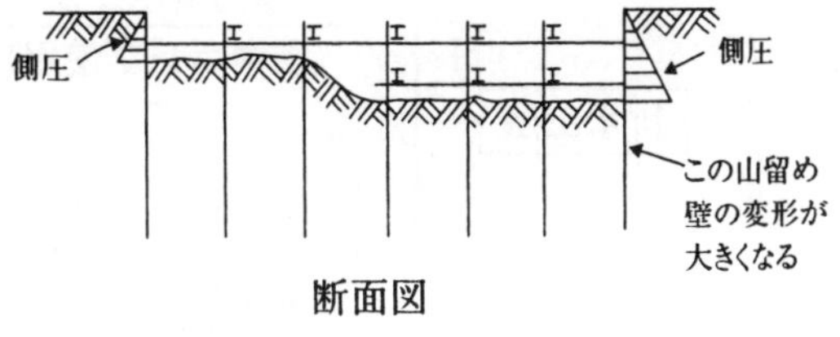

バランスのとれた掘削方法　　バランスがくずれやすい掘削方法

掘削方法

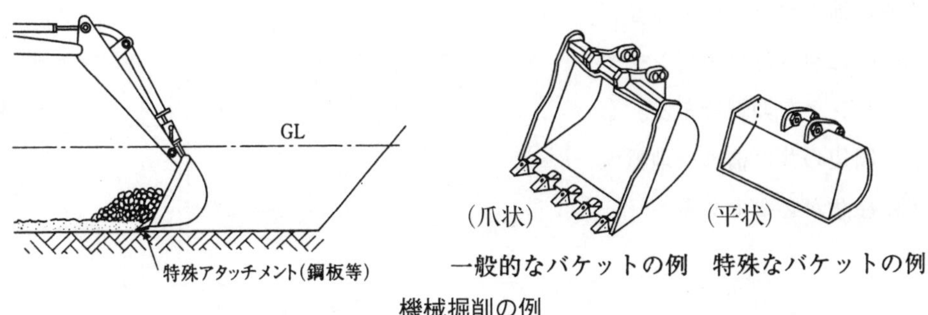

機械掘削の例

2-6 **土工事** **排水工法による施工で、不適当なものを２つ答えよ。**

(1) 排水工法には、重力排水するディープウェル工法と強制排水するウェルポイント工法とがある。

(2) 重力排水するポンプは水中ポンプで、強制排水するポンプは、真空ポンプである。

(3) 排水量が多い地下掘削時には、一般にウェルポイント工法で広い範囲の大量の水を汲み上げる。

(4) ウェルポイント工法はウェルポイントよりジェット水を噴射してウェルポイントを地中に挿入して後、真空ポンプに切り替えて真空ポンプで吸い上げる。

(5) ディープウェル工法は深井戸を鋼管等で設け、水中ポンプを挿入し狭い範囲の地下水を大量に汲み上げる。

解答 (3)、(5)

ポイント解説

(3)：ウェルポイント工法は狭い範囲の小量の排水をする。

(5)：ディープウェル工法は広い範囲の大量の水を排水をする。

解説 排水工法

(1) 排水工法の分類

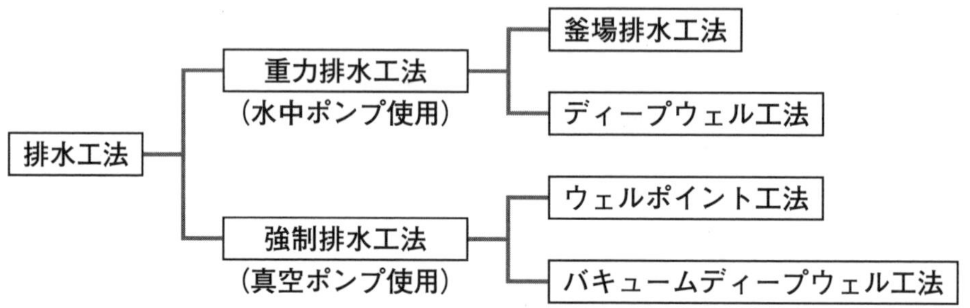

(2) **ディープウェル工法**は、不透水層を貫き、広い範囲の地下水を排水する重力排水工法で、鋼管で深井戸をつくり、重力で集まる大量の地下水を水中ポンプで排水し、広範囲の地下水位を低下させ、掘削時におけるヒービングやボイリングを抑制できる。しかし周辺の井戸枯れや地盤沈下に注意が必要である。

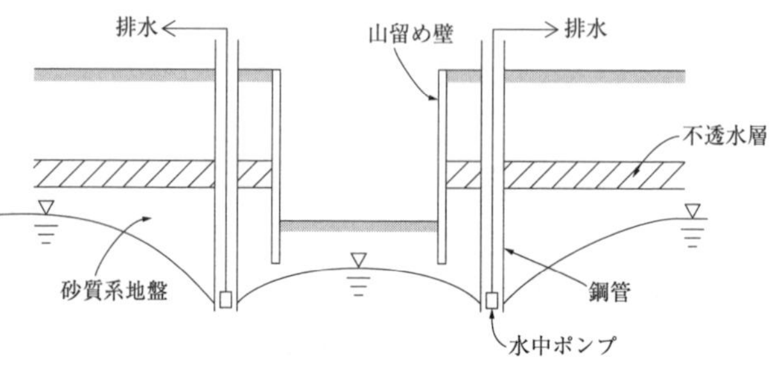

ディープウェル工法

(3) ウェルポイント工法は、ウェルポイント貫入時は、先端からジェット水を噴射し、砂質系地盤に噴射挿入し、挿入後、ウェルポイントに真空ポンプ（バキュームポンプ）を接続し、強制的に地下水を集め、掘削すべき地盤の地下水位を低下させ、地下水位を減少することで、ボイリングを抑制する。

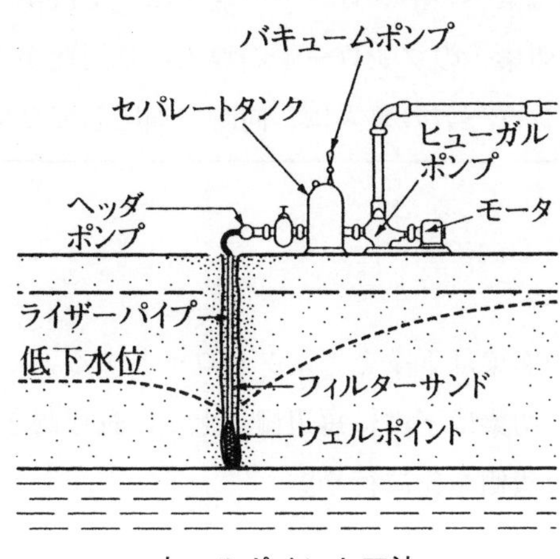

ウェルポイント工法

2-7	土工事	山留め工事について、不適当なものを２つ答えよ。

(1) 水平切梁工法では圧縮部材は突合せ継手とする。
(2) 山留めに用いる中間支持柱は、切梁の座屈を防止するために用いる。
(3) 交差する上下２段の切梁へのプレロードの導入は、上段から先に行った。
(4) 交差する上下２段の切梁へのプレロードの導入は長辺側から行う。
(5) 同一方向の切梁のプレロードの導入は、同時に加圧してひずみを抑制した。

解　答　(3)、(4)

ポイント解説

(3)：交差する上下２段の切梁は下段を先にプレロードする。

(4)：交差する上下２段の切梁は下段に短辺側、上段に長辺側を配置するので、プレロードの導入は下段の短辺側を先に行う。

解　説　プレロード加圧装置

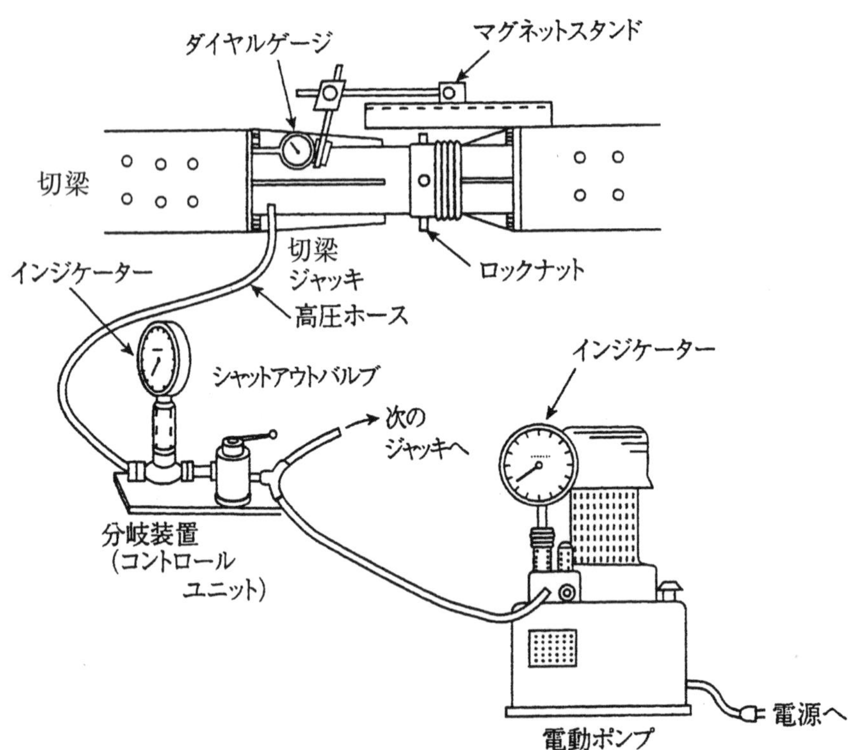

プレロード導入のための加圧装置の例

2-8 地業工事 オールケーシング工法について、不適当なものを 2 つ答えよ。

(1) オールケーシング工法では表層ケーシングを揺動し回転圧入する。
(2) オールケーシング工法の掘削は、ドリリングバケットにより行う。
(3) オールケーシング工法の 1 次スライム処理は、沈殿バケットで行った。
(4) コンクリート打込み直前までに、鉄筋篭の挿入後、スライムの沈殿物が多いとき、2 次スライム処理をする。
(5) 掘削途中 5m 以上の細かい砂層があるとケーシングチューブが動かなくなることがある。

解 答 (1)、(2)

ポイント解説

(1)：オールケーシング工法はケーシングチューブを用いアースドリル工法で用いる表層ケーシングは用いない。

(2)：オールケーシング工法はハンマグラブで掘削する。

解 説 場所打ち杭

1. 場所打ち杭の施工手順

(1) 場所打ち杭の孔壁保護と掘削機械

工法	掘削方法	孔壁の保護工法
深礎工法	人力、ショベルなど	特殊山留め鋼板
オールケーシング工法	ハンマグラブ	ケーシングチューブ
アースドリル工法	ドリリングバケット	人工泥水安定液
リバース工法	回転ビット	自然泥水の圧力

場所打杭ち工法

(2) 場所打ち杭の施工手順

① 地盤の掘削
② スライム処理（1 次）
③ 鉄筋篭挿入（軸方向鉄筋は重ね継手）して後に 2 次スライム処理
④ コンクリート打設（プランジャーを用い、トレミー管下端を 2m 以上潜らせる）
⑤ トレミー管・（鋼管引抜：オールケーシング工法のみ）
⑥ 高炉セメント B 種のコンクリートを打設し、14 日間養生後杭頭処理（余盛のはつり）

2. オールケーシング工法

孔壁は全面を鋼管（オールケーシングチューブ）で保護し、掘削はハンマグラブで行う工法をオールケーシング工法といい、スライムが少なく、杭の品質の確保が容易である。オールケーシング工法ではケーシングの引抜き時に、鉄筋篭が共上りしない対策が必要である。その措置は、次のようである。

① スペーサを堅固に組み立てる。

② 鋼管内面を平滑にしておく。

③ 鋼管下端はコンクリート中に2m以上もぐらせておき揺動しながらゆっくりと引き上げる。

④ 鉄筋篭の鉛直性を確保する。

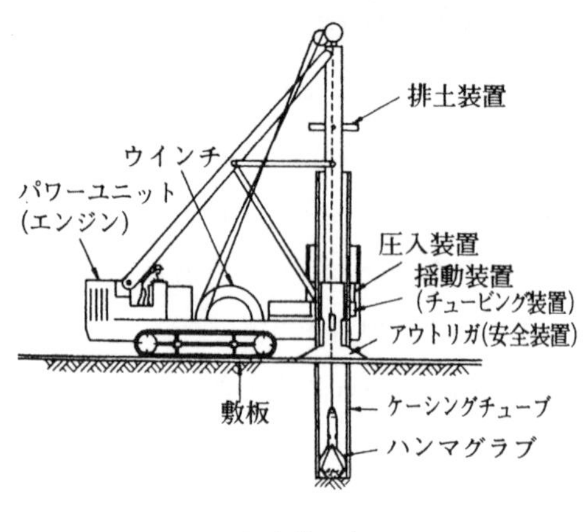

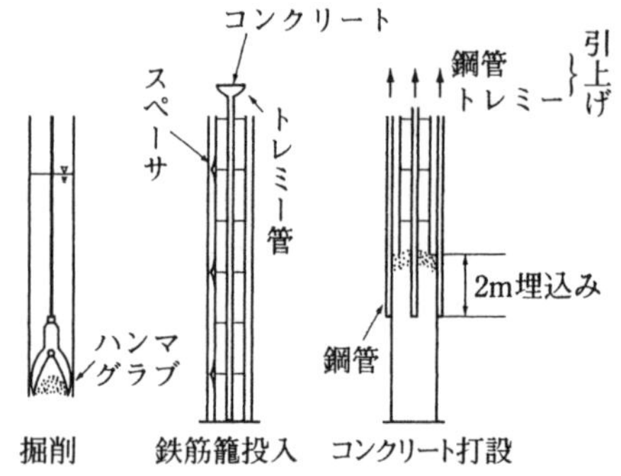

オールケーシング工法の施工手順

躯体工事基礎能力・管理知識

2-9	地業工事	アースドリル工法について、不適当なものを2つ答えよ。

(1) アースドリル工法は表層ケーシングを用いて地盤面の崩壊を防止する。
(2) アースドリル機のクラウンの中心と杭心とを正確に合わせて表層ケーシングを挿入する。
(3) アースドリル工法はケリバー先端のオーガーで掘削する。
(4) アースドリル工法の孔壁はベントナイト等でつくるマッドケーキで保護する。
(5) 安定液のベントナイト溶液はできるだけ低粘度のものとして土砂の沈降を促進する。

解　答　(2)、(3)

ポイント解説

(2)：杭心とケリバーの中心を合せて表層ケーシングを挿入する。
(3)：ケリバーの先端にはドリリングバケットを取り付けて、孔内の土砂を掘削排土する。

解　説　アースドリル工法

アースドリル工法は能率のよい工法で、孔壁は安定液（低粘度のベントナイト溶液）を用いて安定させ、表層部にケーシングを行い、地表部の崩れを防止しドリリングバケット（回転バケット）で掘削する。その後スライム処理して鉄筋篭、コンクリートを施工して場所打ち杭をつくる。

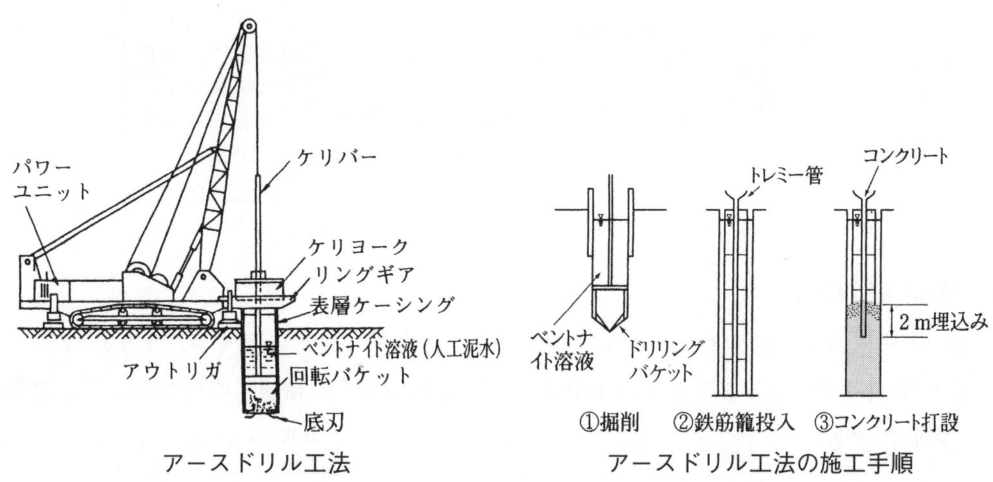

アースドリル工法　　アースドリル工法の施工手順

2-10	鉄筋工事	ガス圧接継手について、不適当なものを 2 つ答えよ。

(1) 圧接部の接合面の直後のふくらみは、直径の 1.2 倍以上を合格とした。
(2) 圧接部の圧接面のずれは、主筋等の径の 1/4 以内とした。
(3) 鉄筋中心の軸相互の偏心量は鉄筋の径の 1/5 以内とした。
(4) 手動ガス圧接技能には、1 種～4 種の技量があり、第 1 種の者は D32 以下を圧接できる。
(5) 圧接部端面は、相互のすき間が 2mm 以下になるようにして圧接した。

解 答 (1)、(4)

ポイント解説

(1)：圧接面のふくらみは、直径の 1.4 倍以上とする。
(4)：第 1 種の技量の者は、異形鉄筋の直径 D25 以下の範囲の圧接ができる。D32 の圧接はできない。

解 説 手動圧接作業

1. 圧接技能者と作業範囲

手動ガス圧接技量資格者の圧接作業可能範囲

技量資格種別	圧接作業可能範囲	
	鉄筋の種類	鉄筋径
1 種	SR235、SR295、SD295A、SD295B、SD345、SD390	径 25mm 以下 呼び名 D25 以下
2 種		径 32mm 以下 呼び名 D32 以下
3 種	SR235、SR295、SD295A、SD295B、SD345、SD390、SD490	径 38mm 以下 呼び名 D38 以下
4 種		径 50mm 以下 呼び名 D51 以下

(注) SD490 を圧接する場合は、施工前試験を行わなければならない。

2. 鉄筋の圧接加工

① 圧接箇所 1 つにつき鉄筋径 d の 1～1.5d の縮み代（セットアップ）を見込む。
② 圧接面はグラインダーをかけ平滑で酸化膜や錆がなく、軸線に直角な面とし、端部は面取りする。

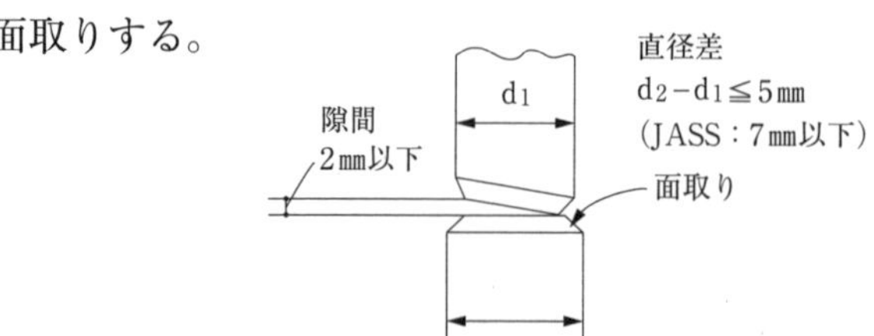

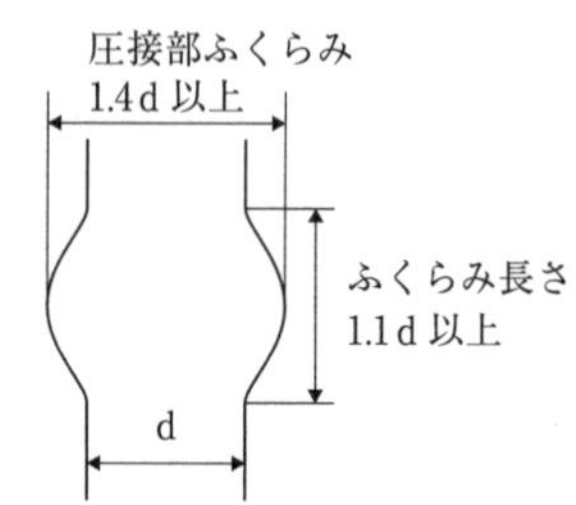

鉄筋の圧接

2 -11	**鉄筋工事**	**鉄筋の継手の施工について、不適当なものを 2 つ答えよ。**

(1) 隣り合う重ね継手の中心位置は重ね継手長さの約 0.5 倍とした。
(2) 隣り合う重ね継手の中心位置は重ね継手長さの 1.5 倍以上とした。
(3) 圧接鉄筋を加熱する場合の中性炎の加熱範囲は、圧接面を中心として鉄筋径の 3 倍とした。
(4) 圧接鉄筋を還元炎で圧接端面を加熱加圧して密着させ、中性炎で加熱して圧接する。
(5) 圧接継手部の位置を相互に 300mm ずらして隣接鉄筋を配置した。

解　答　(3)、(5)

ポイント解説

(3)：圧接部の中性炎加熱範囲は圧接面より鉄筋径の 2 倍程度とする。
(5)：隣り合う圧接継手の位置は、相互に 400mm 以上ずらして配置する。

解　説　隣接鉄筋の配置

1. 圧接作業

① 圧接装置は加熱器、加圧器（30MPa 以上）、圧接支持器を用いる。
② 火口は炎が安定する 4 口以上のものを用いる。
③ 鉄筋の突付け、圧接端面間の隙間は 2mm 以下とする。
④ 還元炎で十分に圧接面を合わせて閉じ、その後中性炎とし 1,300℃程度まで加熱し、鉄筋断面に対し 30～40N/mm²（MPa）程度に加圧する。
⑤ 中性炎の加熱の範囲は鉄筋径の 2 倍ぐらいの圧接面の範囲を揺動させる。

2. 隣接鉄筋の継手のずらし方

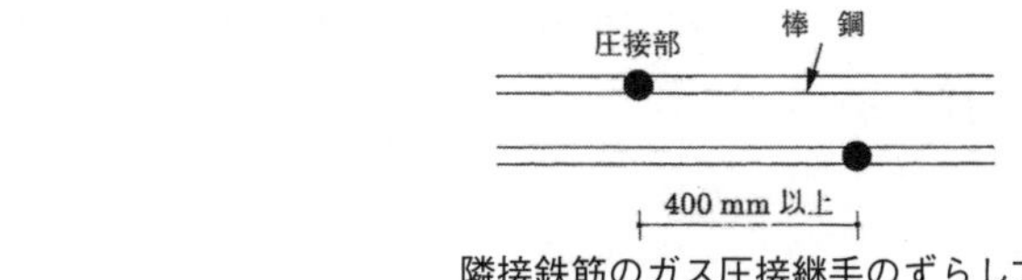

隣接鉄筋のガス圧接継手のずらし方

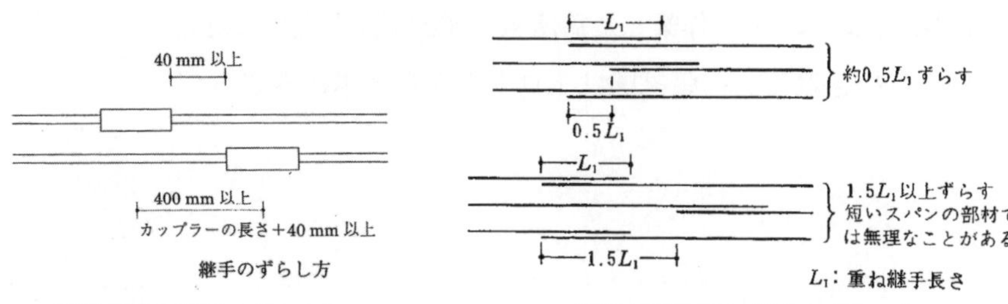

隣接鉄筋の継手のずらし方　　隣接鉄筋の重ね継手のずらし方

2 -12 鉄筋工事 圧接鉄筋の処理について、不適当なものを２つ答えよ。

(1) 圧接部の中心のふくらみが1.4倍未満であったので冷却して、再加圧した。
(2) 圧接部の折曲がり角度が１度以上の場合、再加熱して修正する。
(3) 圧接部の中心軸の偏心量が鉄筋径の1/5を超えたので切り取って再圧接した。
(4) 手動ガス圧接が４種の技量の者であっても呼び径D51を超える鉄筋は圧接できない。
(5) 圧接部の面が中心より相互に鉄筋直径の1/4を超えてずれたときは、切り取って再圧接する。

解答 (1)、(2)

ポイント解説

(1)：ふくらみの不足のときは、冷却でなく再加熱して再加圧により仕上げる。
(2)：圧接部の中心軸の折曲がり角度が２度を超えた場合、再加熱して再圧接する。

解説 圧接鉄筋の検査と処置

1. 圧接検査

① 外観検査（全数）では、次の事項を確認する。

圧接部の膨らみの長さ：鉄筋径ｄの1.1倍以上
圧接部の膨らみの直径：鉄筋径ｄの1.4倍以上
圧接面のずれ　　　　：鉄筋径ｄの４分の１以下
鉄筋中心軸の偏心量　：鉄筋径ｄの５分の１以下
圧接部の片ふくらみ量：鉄筋径ｄの５分の１以下
鉄筋軸の折れ曲がり　：２度以下

② 引張試験・超音波深傷試験は抜取り検査である。超音波深傷試験は非破壊試験であるが、引張試験は破壊検査である。このため、破壊検査では抜き取られた鉄筋部分には鉄筋を継ぎ足して補修しておく。

③ 検査のロットの大きさ

外観検査は全数検査

超音波深傷試験は、１日作業した箇所数（200箇所程度）に対して１ロットとし、30箇所無作為に抜き取る。引張試験は１ロットから３本抜き取る。

2. 不合格の継手の処置

① 圧接面のずれ・鉄筋中心軸の偏心・圧接部の片ふくらみ量が規定値を超えたときは、切り取って再圧接する。

② 圧接部の膨らみの長さ・圧接部の膨らみの直径・鉄筋軸の折れ曲がりが規定値を超えたときは、再加熱・加圧して修正する。

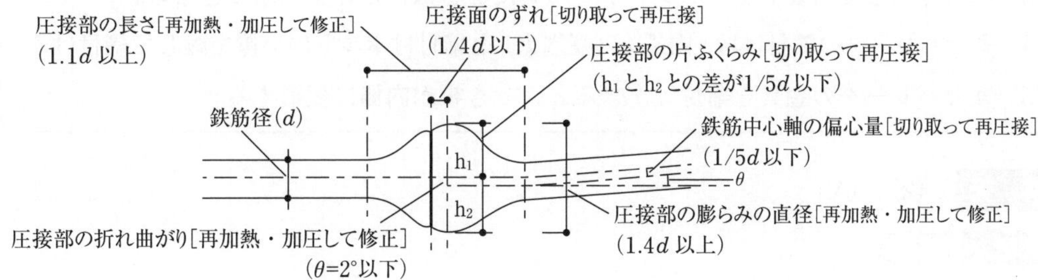

鉄筋のガス圧接継手の品質（基準を満たしていない場合の処置）

躯体工事基礎能力・管理知識

2-13 型枠工事　型枠支保工の施工で、不適当なものを２つ答えよ。

(1) 型枠支保工に鋼管枠を用いるものは、支柱の脚部を固定し、根がらみを設ける。
(2) パイプサポートの高さが3.0mを超えるとき、高さ2m以内に水平つなぎを２方向に設ける。
(3) 床型枠として鋼製デッキプレートを用いたときは、型枠を転用できない。
(4) 丸セパレータの締付けは、内端太（縦端太）と締付けボルトの位置を離して締付ける。
(5) 丸セパレータの金具を締付けすぎると、せき板が内側に変形する。

解　答　(2)、(4)

ポイント解説

(2)：パイプサポートの高さが3.5mを超えるときは、高さ2m以内ごとに２方向に水平つなぎを設ける。

(4)：丸セパレータの締付け金具と内端太（縦端太）との距離はできるだけ近づけて締め付けることで締付けすぎを防止できる。このことで型枠が内面にめり込むことがなくなる。

解　説　型枠支保工の施工

1. パイプサポートを支柱とする型枠支保工の措置

① パイプサポートは３以上継いで用いない。
② パイプサポートを継いで用いるときは、４本以上のボルト又は専用金具を用いる。
③ 高さが3.5メートルを超えるときは、高さ２メートル以内ごとに水平つなぎを２方向に設ける。
④ パイプサポートの脚部には、敷板を敷いてベース金具で固定し、根がらみを設ける。

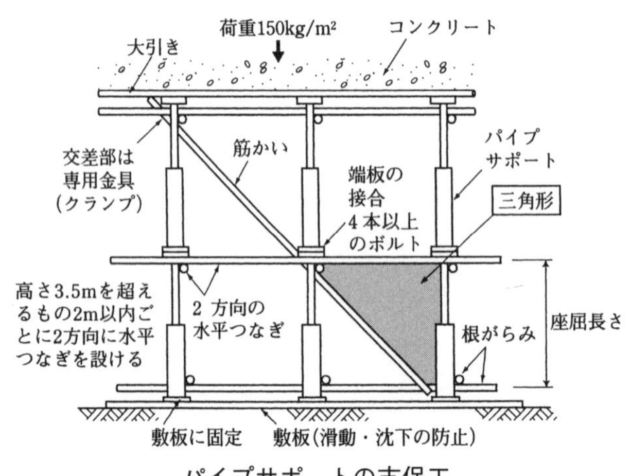

パイプサポートの支保工

2. 合板型枠

締付け金物を使用する合板型枠は、合板で造られたせき板（型枠）に縦端太（たてばた）を添え、縦端太を横端太で押さえ、締付け金物で締め付けることで、型枠の位置を定めている。その構造は、下図のようになっている。

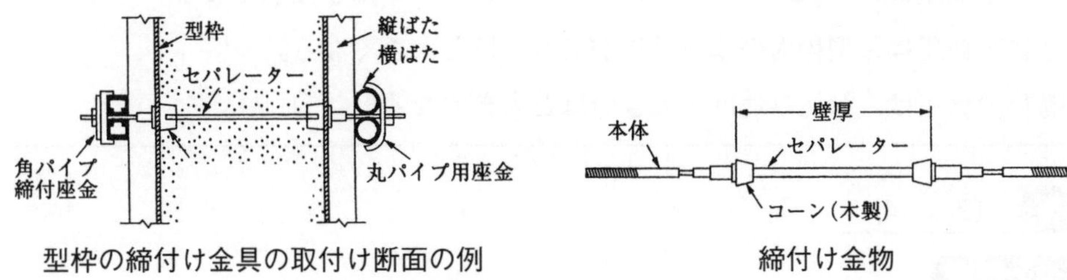

型枠の締付け金具の取付け断面の例　　締付け金物

2-14 型枠工事　型枠の施工について、不適当なものを２つ答えよ。

(1) 型枠の側圧は、流動性の高いコンクリートほど大きくなる。
(2) 型枠の側圧は、気温が高いときほど大きくなる。
(3) 型枠の側圧は、コンクリートのスランプ値の大きいほど大きくなる。
(4) 型枠の側圧は、型枠面の摩擦係数が大きいほど大きくなる。
(5) 型枠の側圧は、打込み速度が大きいほど大きくなる。

解　答　(2)、(4)

ポイント解説

(2)：気温は低いほど硬化しにくいので側圧は大きくなる。
(4)：型枠の摩擦係数が大きいほどすべりが悪くなり流動性が低くなり、側圧は小さくなる。

解　説　型枠側圧と流動性

型枠の側圧

型枠に作用するコンクリートの側圧は、次のような要因で変化する。

(1) コンクリートの流動性が大きいほど、液圧が大きくなるので、側圧が大きくなる。
(2) コンクリートのスランプが大きいほど、流動性が大きくなるので、側圧が大きくなる。
(3) 型枠表面・鉄筋表面の摩擦係数が小さいほど、流動性が大きくなるので、側圧が大きくなる。型枠に作用するコンクリートの側圧は、型枠の摩擦係数に反比例することが分かっている。
(4) コンクリートの温度が高いほど、水分蒸発量が増えて流動性が小さくなるので、側圧が小さくなる。
(5) コンクリートの単位体積あたりの密度が大きいほど、側圧が大きくなる。
(6) コンクリートの打込み速度が速いほど、コンクリートヘッドが大きくなり、型枠に大きな液圧が加わるので、側圧が大きくなる。
(7) 型枠のせき板の透水性または漏水性が大きい場合、液圧が小さくなるので、側圧が小さくなる。
(8) 鉄筋が密に配筋されているほど、型枠への圧力を鉄筋が負担するため、側圧が小さくなる。

型枠に作用する側圧が大きくなる条件のまとめ	コンクリートのスランプが大きい
	コンクリートの単位質量(密度)が大きい
	コンクリートの打込み速度が速い
	コンクリートの温度が低い
	鉄筋量が少ない
	型枠の摩擦係数が小さい
	型枠のせき板の透水性が小さい

2-15 コンクリート工事 コンクリートの施工について、不適当なものを２つ答えよ。

(1) コンクリートの打込み速度は、スランプ18cmで20～30m³/h程度である。
(2) スランプ10～15cmで直径45mmの内部振動機1台の締固め量は10～30m³/hである。
(3) コンクリートポンプ1台当たりの圧送能力は20～50m³/hである。
(4) 外気温度が25℃を超える暑中コンクリートの打込み温度は35℃以下とし、練り始めから打込み終了まで120分とした。
(5) 湿潤養生は、ブリーディング水の消失後とし、せき板に接する面は脱型直後から行う。

解 答 (2)、(4)

ポイント解説

(2)：スランプ10～15cmで直径45mmの1台の内部振動機の締固め能力は10～15m³/hである。
(4)：暑中コンクリートは、練り始めてから打込み終了までの時間は90分以内とする。

解 説 コンクリートポンプ

コンクリートの打込み

コンクリートポンプ工法は、高所などにコンクリートを打設する際、ポンプを用いてコンクリートを圧送する工法である。

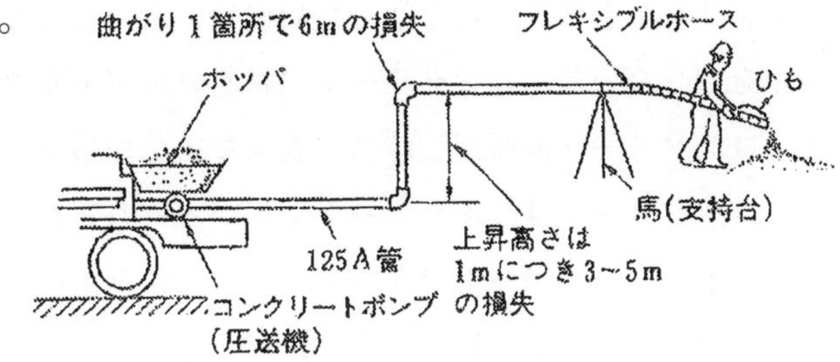

コンクリートポンプ工法

(1) コンクリートポンプ工法では、建物の規模・施工時間・レディーミクストコンクリートの供給能力を勘案し、1日におけるコンクリートの打込み区画および打込み量を定める。
(2) コンクリートポンプ1台当たりのコンクリートの打込み速度は、コンクリートのスランプが18cm程度であれば、20m³/h～30m³/hが目安となる。ただし、打込み速度は、打ち込む部位によっても異なる。
(3) 公称棒径45mmの棒形振動機1台あたりの締固め能力は、コンクリートのスランプが10cm～15cm程度であれば、10m³/h～15m³/h程度である。
(4) コンクリートポンプ1台当たりの圧送能力は、20m³/h～50m³/h程度である。

2-16	コンクリート工事	コンクリートの施工について、不適当なものを2つ答えよ。

(1) コンクリートの打込みは、できるだけ縦シュートを用いる。

(2) 縦形フレキシブルシュートのコンクリート投入口と排出口との水平方向の距離は、垂直方向の2倍とした。

(3) 斜シュートを用いるときは、材料分離しやすいので傾斜角を30度以上とした。

(4) コンクリートの受入検査で、塩化物含有量は塩化物イオン量を0.3kg/m^{3}以下とした。

(5) レディーミクストコンクリートの砂利の塩化物量はNaClに換算して0.04%以下とした。

解 答 (2)、(5)

ポイント解説

(2)：縦シュートのコンクリートの投入口と排出口との水平方向の距離は垂直方向の1/2以下とする。

(5)：レディーミクストコンクリートの砂の塩化物含有量はNaClで換算して0.04%以下とする。砂利でなく砂（細骨材）である。

解 説 コンクリートの打込みの留意点

コンクリートの打込み

コンクリートを密実に打ち込むためには、次のような点に留意する必要がある。これらの事項を守らないと、コンクリートの材料分離（モルタルと骨材との分離）が発生する。

① コンクリートの荷卸し時に、大きな山を作らないようにする。

② コンクリートは、縦シュートを用いて打ち込む。斜めシュートは、やむを得ないとき（縦シュートが使用できないとき）にのみ用いる。その勾配は30度以上とする。

③ コンクリートは、目的の位置にできるだけ近づけて打ち込む。コンクリートを打ち込んでから横移動させてはならない。

④ コンクリートの自由落下高さが、なるべく低くなるようにする。

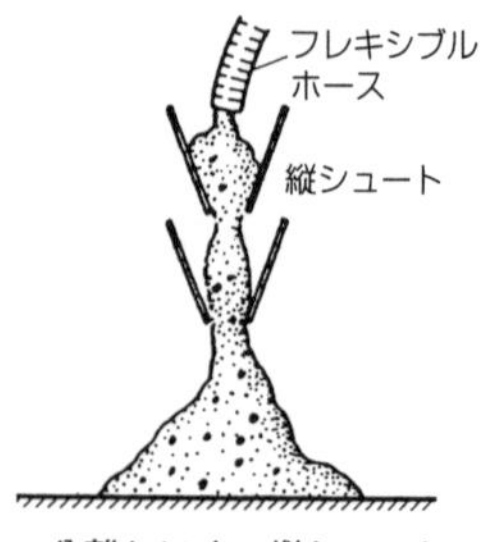

分離しにくい縦シュート

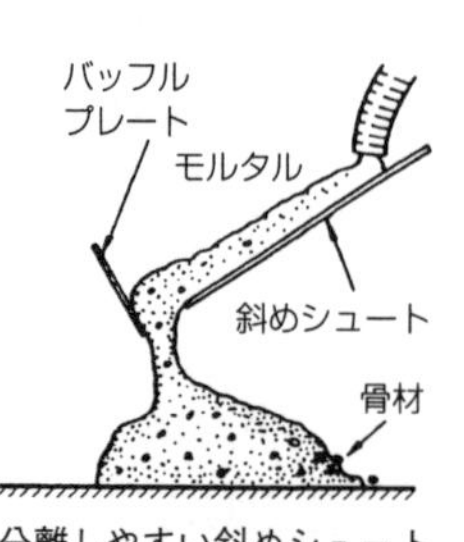

分離しやすい斜めシュート

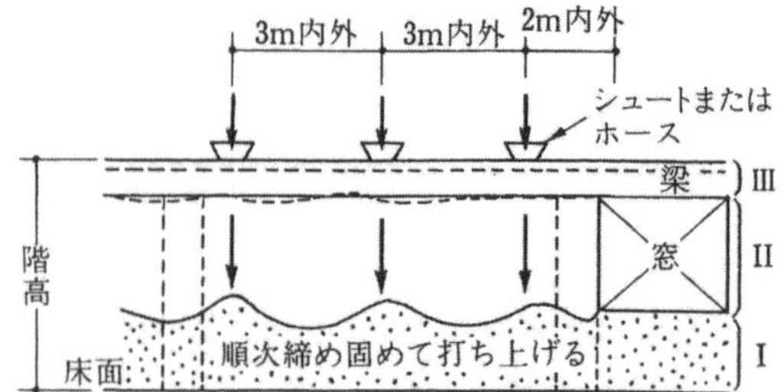

I～III：打込み・締固めの打上げ順序の目安

縦シュートによるコンクリートの打込み

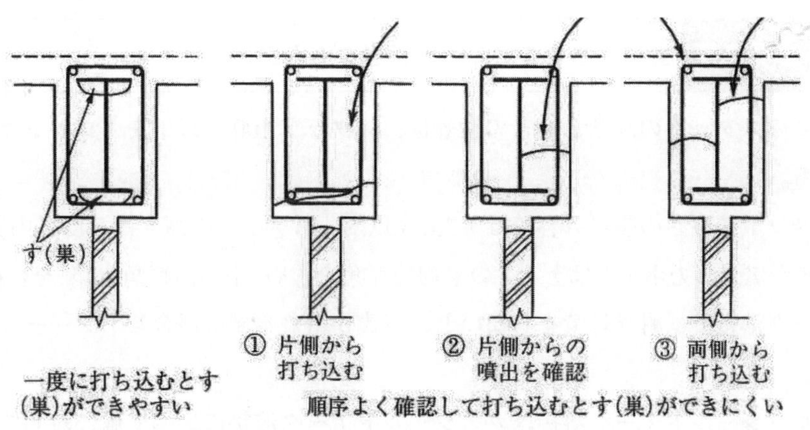

鉄骨鉄筋コンクリート梁の打込み方法

2-17	鉄骨工事	鉄骨工事について、不適当なものを 2 つ答えよ。

(1) 鉄骨のスタッドの高さと傾きの検査は、スタッド100本以下を1ロットとし1本検査する。
(2) スタッドの高さの限界許容差は±2mm 以内、スタッドの傾きは5度以内とする。
(3) トルシア形高力ボルトはナットの平均回転角を求め、平均回転角±45°を合格とする。
(4) アーク溶接では耐風対策をしないと、窒素が溶着金属に混合しアンダーカットが生じる。
(5) セルフシールドアーク溶接はガスシールドアーク溶接に比べて風に対して強い。

解 答 (3)、(4)

ポイント解説

(3)：高力ボルトの締付け検査では、平均回転角±30°のものを合格とする。

(4)：アーク溶接では風によりシールドガスが流れ、保護されなくなった溶着金属に窒素が混入し空気の気泡が溶着金属内に残る欠陥であるブローホールが生じる。アンダーカットは過加熱により深溝が生じる欠陥である。

解 説 現場溶接合と高力ボルト接合

主な現場溶接法

鉄骨工事現場で用いる主な溶接法には、次のものがある。

主な現場溶接法	作業姿勢	作業能率	作業の留意点
被覆アーク溶接(人力)	上、横、下向	小	溶接棒を乾燥させる
ガスシールドアーク溶接	横、下向	大	風速 2m/s 未満の防風対策
セルフシールドアーク溶接	横、下向	大	風に強いがヒュームが発生

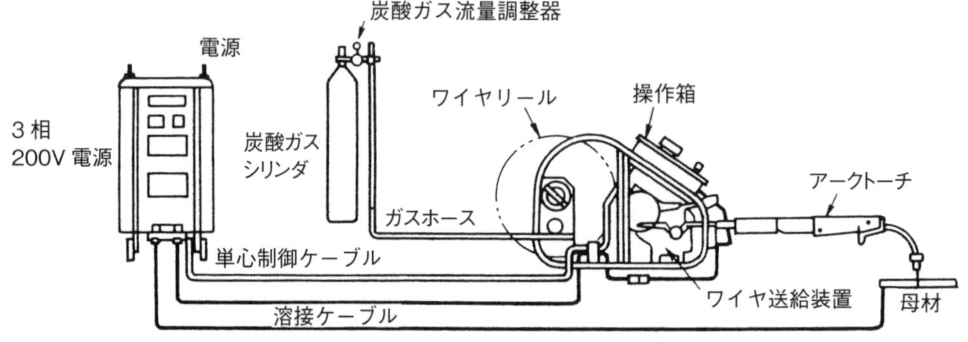

炭酸ガスシールドアーク溶接法の装置の構成

表のように、ガスシールドアーク溶接は、溶接部をCO_2やArガスで覆い大気中の酸素や窒素が溶着金属内に入らないようにして溶接するものである。このためCO_2やArガスが飛散しないためにも風速2m/s未満にする防風対策が必要であるから、セルフシールドアーク溶接に比べガスシールドアーク溶接は風に対して弱い。

高力ボルト検査

トルシア形高力ボルトの締付け後の検査は、下記のような要領で行う。

(1) すべてのボルトについてピンテールが**破断**していることを確認する。

(2) 1次締付け後に付したマークのずれにより、ボルトの余長が1山～6山であることを、目視で確認する。

(3) ナット回転量に著しいばらつきがある場合は、そのボルト一群の**すべて**のボルトについてナット回転量を測定し、平均回転角度が±**30**度の範囲にあるものを合格とする。

高力六角ボルトの締付け後の検査は、下記のような要領で行う。

(1) 1次締付け後に付したマークのずれにより、共回りがないことや、ボルトの余長が1山～6山であることを、目視で確認する。

(2) ナット回転量に著しいばらつきがある場合は、ナットを追締めした後、締付けトルクから合否を判断する。測定された締付けトルクが、設定された締付けトルクの±10%の範囲にあるものを合格とする。この検査方法は、トルクコントロール法と呼ばれている。

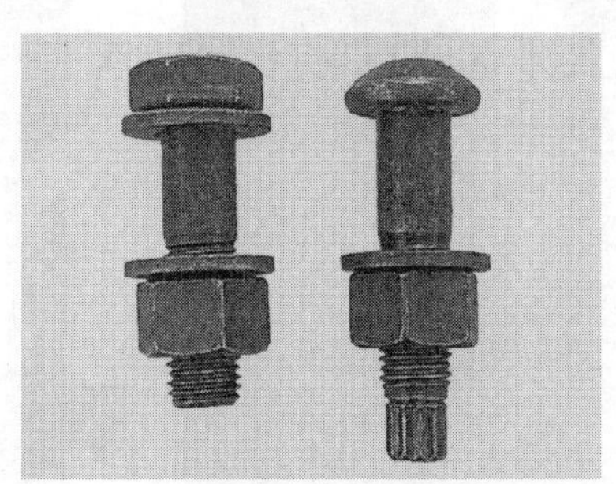

左から、JIS形、トルシア形
高力ボルトセット

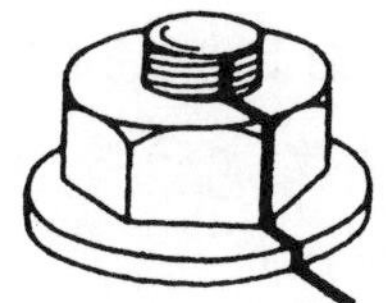

(a) 一次締め後のマーキング

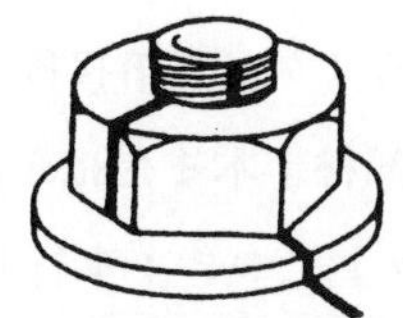

(b) 本締め後の適切な状態

躯体工事基礎能力・管理知識

2-18 鉄骨工事　鉄骨工事について、不適当なものを２つ答えよ。

(1) 鉄骨工事のスタッド溶接部の15°打撃曲げ検査は、150本を１ロットとし１本抜取る。
(2) 抜取りスタッドの試験で１本が不合格であったので、更に２本抜取り２本共に合格のときは合格とした。
(3) 抜取り１本が不合格のあと２本抜取ったが１本不合格となったので、全数について検査した。
(4) スタッドの高さの限界許容差は±2mm以内である。
(5) スタッドの傾きの限界許容差は15°以内である。

解　答　(1)、(5)

ポイント解説

(1)：スタッドの検査の１ロットは100本以下である。
(5)：スタッドの検査基準は、高さの限界許容差±2mm、角度は5°以内である。

解　説　スタッド溶接検査

スタッド溶接

鉄骨工事におけるスタッド溶接は、セラミック保護筒内にある母材とスタッドとの間で発生したアーク熱によって母材とスタッドを溶融させ、一定時間後にスタッドを母材の溶融池に圧入する溶接方法である

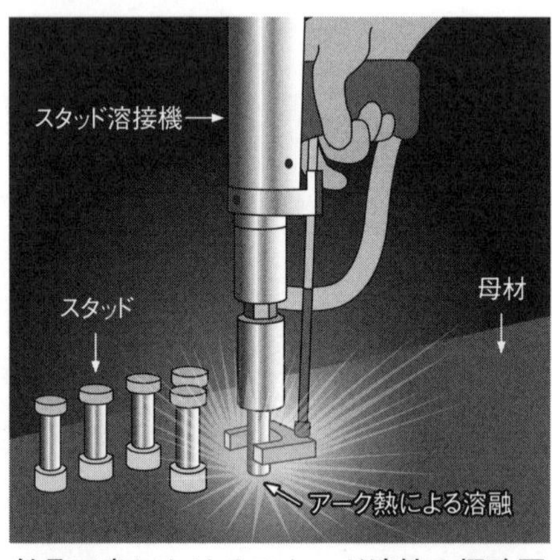

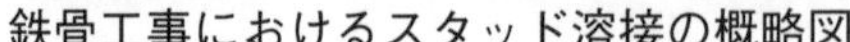
鉄骨工事におけるスタッド溶接の概略図

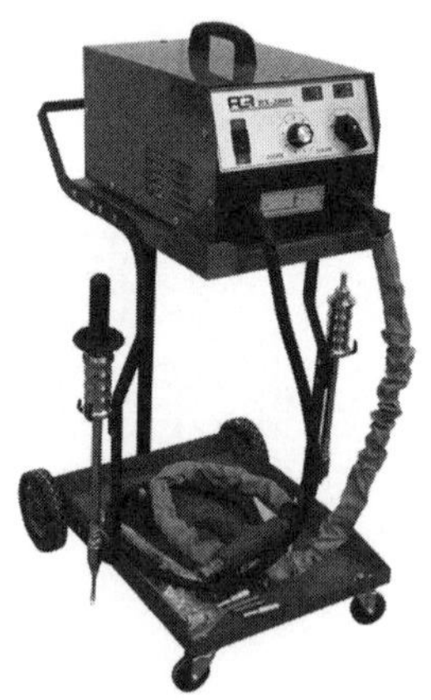
スタッド溶接機

(1) 鉄骨工事におけるスタッド溶接後の仕上がり高さおよび傾きの検査は、「スタッド100本」または「主要部材１本または１台に溶接した本数」のうち、いずれか少ない方を１ロットとし、１ロットにつき１本行わなければならない。
(2) 検査するスタッドは、１ロットの中から、他のスタッドよりも長そうなもの・他のス

タッドよりも短そうなもの・スタッドの傾きの大きそうなものとする。このスタッドの仕上がり高さおよび傾きが適正であれば、そのロットの全数を合格とする。

(3) スタッドの寸法精度の許容差には、管理許容差（目安となる目標値）と限界許容差（これを超える誤差は許されない値）があるが、その合否判定は限界許容差によって行う。

(4) スタッド溶接後の仕上がり高さは、指定された寸法の±2mm以内でなければならない。指定された寸法Lに対する限界許容差ΔLは±2mm以内である。

なお、スタッドが傾いている場合は、軸の中心における軸長を仕上がり高さとみなす。

(5) スタッド溶接後の傾きθは、5度以内でなければならない。

(6) スタッド溶接における検査基準をまとめると、下表のようになる。

スタッド溶接後の仕上り高さ（ΔL）と傾き（θ）

管理許容差	$-1.5mm \leqq \Delta L \leqq +1.5mm$	指定寸法 L+ΔL θ
	$\theta \leqq 3$度	
限界許容差	$-2mm \leqq \Delta L \leqq +2mm$	
	$\theta \leqq 5$度	
測定器具	金属製直尺限界ゲージコンベックスルール	
測定方法	スタッドが傾いている場合は、軸の中心でその軸長を測定する。	

● 第3章 仕上げ工事基礎能力・管理知識

3-1 仕上げ工事の一括要約 □ 重要テーマ

工種	テーマ	項　目		管理のポイント
防水工事	1	アスファルト防水密着工法	(1)	プライマー塗りは、はけ又はローラを用いる。
			(2)	環境形のアスファルトの溶融温度は240℃以下とする。
	2	改質アスファルト工法	(1)	改質アスファルトシートは裏面を加熱溶融して張り付ける。
			(2)	立上り際の第1層目のシート幅は500mm程度に張り付ける。
	3	ゴムアスファルト系塗膜工法	(1)	ゴムアスファルトエマルションと凝固剤は同時に吹き付ける。
			(2)	補強布は塗膜の保持を目的に張り付ける。
	4	密着保護仕様アスファルト防水工法	(1)	コンクリート床の継目部の増張りは幅300mmのストレッチルーフィングで行う。
			(2)	立ち上り部と平場との重ね幅は150mmとする。平場の重ね幅は100mmとする。
	5	ワーキングジョイント	(1)	ALC版の継目は2面接着とする。
			(2)	シーリングの打継ぎは、目地の交差部又角部を避ける。
タイル工事	6	外壁後張りタイル工法	(1)	マスク張りモルタル塗り置き限度は5分以内とする。
			(2)	モザイク張りの1回の張り面積3m²/人を限度とし20分以内に張り終える。
	7	タイル接着力試験	(1)	タイル試験体はコンクリート面までカットとする。
			(2)	タイル接着力は0.4N/mm²以上とする。
	8	改良圧着張り工法	(1)	張付けモルタルは下地面とタイル裏面の両方に塗り付ける。
			(2)	一度の塗り付け面積は2m²/人以内とする。

工種	テーマ	項　目	管理のポイント	
タイル工事	9	まぐさタイルの施工	(1)	剥離保護のためステンレス鋼線を用いる。
			(2)	アンカービス等で固定する時は、まぐさタイルを取り付けるステンレス鋼線の径は0.8mm 以上とする。張付けモルタルで固定する時は径 0.6mm 以上とする。
屋根工事	10	金属折板屋根葺ルーフィング下地張り	(1)	アスファルトルーフィングの長辺方向は100mm、短辺方向 200mm とする。
			(2)	ステープル釘の打込み間隔は重ね部で300mm とする。
	11	金属折板屋根葺ルーフィングタイトフレーム	(1)	タイトフレームの隅肉溶接のサイズは、タイトフレームの厚さに等しい。
			(2)	金属折板の雨押え端部のあき寸法は50mm 以上とする。
	12	金属折板屋根葺ルーフィングけらば包	(1)	けらば包の継手の重ね長さは 60mm 以上とする。
			(2)	変形防止材は 1.2m 以下の間隔で折板の 3 山ピッチ以上に留め付ける。
金属工事	13	軽量鉄骨壁下地	(1)	上部ランナーの上端とスタッドの天端の間隔は 10mm 以下として、スタッドを取り付ける。
			(2)	ランナーの継手は突付けとする。
	14	金属手すりの施工	(1)	手すりのジョイント金具には排水溝を設ける。
			(2)	鋼製手すりの伸縮量が 0.5mm のときアルミニウム製の手すりの伸縮量は 2 倍の1.0mmとし伸縮量を考慮して取り付ける。
	15	軽量鉄骨天井下地	(1)	天井吊りボルトは壁面端から 150mm、吊りボルトの間隔は 900mm とする。
			(2)	下地張りのあるときは、野縁の間隔は360mm、下地張りのないときは 300mm とする。
左官工事	16	セルフレベリング材塗り	(1)	セルフレベリングの下地のコンクリート面は金ごてで仕上げる。
			(2)	セルフレベリング材の養生は窓を閉めて、通風をなくし、ひび割れを抑制する。

工種	テーマ	項　目	管理のポイント	
左官工事	17	セメントモルタル塗り	(1)	セメントモルタル塗りの塗り厚は、床材を除いて、7mm 以下とする。
			(2)	はけ引き仕上げの方法は、木ごてで均しをした後に、軽く金ごてで押えてからはけで、はけ目をつけて仕上げる。
	18	セメントモルタル塗り吸水調整材の塗布	(1)	塗り厚さは 1～2mm の薄層とする。
			(2)	吸水調整材は十分に乾燥してからセメントモルタルを塗り付ける。
	19	防水形複層塗材Ｅ仕上げ塗材仕上げ	(1)	外壁合成樹脂エマルション系薄付け仕上げ吹付け下地は、木ごて又は金ごて仕上げとする。はけ引きは用いない。
			(2)	スプレーガンのガンは、やや上向きにして吹き付ける。
建具工事	20	重量シャッターの施工	(1)	重量シャッターの鋼板厚さは 1.5mm 以上とする。
			(2)	防火シャッターは防煙性能を有さない。
	21	ステンレス製建具の施工	(1)	ステンレス製建具の板厚は 1.5mm 以上とする。
			(2)	ステンレス製建具の補強鋼材には錆止めペイントを塗布して後、防錆ペイントを塗布する。
塗装工事	22	パテ処理	(1)	パテかいとは、下地の穴埋め、目違いすき間などをパテで埋める作業のこと。
			(2)	パテ付けは、パテかいの後で、全面にパテを塗り付ける作業のこと。パテしごきは、下地面を平滑にする作業のこと。
	23	アクリル樹脂系非水分散形塗料の施工	(1)	アクリル樹脂系非水分散形の塗料は溶剤を用いた透明のワニスである。
			(2)	耐久性、耐アルカリ性を有するのが特徴である。
内装工事	24	石こうボード直張り工法	(1)	接着材の盛り上げ高さはボード仕上げ高さの 2 倍とする。
			(2)	接着材の張付け間隔は床面より 1200mm までは 200～250mm の間隔とし、1200mm の上部となる部分は 250～300mm の間隔とする。

仕上げ工事基礎能力・管理知識

工種	テーマ	項　目		管理のポイント
内装工事	25	フリーアクセスフロアの施工	(1)	タイルと床パネルの目地は相互に100mmずらす。
			(2)	ヒールアップ接着剤は床パネル面に塗布する。タイル裏面に塗布しない。
	26	ALCパネルの施工	(1)	外壁ALCパネルの横張り式では5段までパネルを積上げて5段ごとに自重受け鋼材を設ける。
			(2)	ALCパネルの短辺小口面相互の接合部は10mm～20mmの空隙を設ける。
	27	コンクリートひび割れの改修	(1)	樹脂注入工法では、挙動のあるひび割れに軟質形低粘度の樹脂を注入する。
			(2)	樹脂注入工法は、Uカットシール材充填工法やシール工法よりも耐久性に優れている。

3－2 仕上げ工事の問題解説

3－1 防水工事 アスファルト防水密着工法で不適当なものを２つ答えよ。

(1) 下地の乾燥状態を高周波水分計を用いて確認してプライマーを塗布する。

(2) プライマーは吹付け又ははけで塗布し、十分に乾燥させた。

(3) 出隅及び入隅には、平場部に先だち、幅300mmのストレッチルーフィングを増張した。

(4) コンクリートスラブ打継目に幅50mmの絶縁テープを張り付けた。

(5) 流し張りアスファルトは、環境対応低煙低臭型防水工事用を用い溶融温度を300℃とした。

解 答 (2)、(5)

ポイント解説

(2)：プライマーを吹き付けると、むらが生じ易いので行わない。はけ又はローラで塗布する。

(5)：環境対応低煙低臭型防水工事用アスファルトの溶融温度は240℃以下とする。

解 説 アスファルト防水密着工法

アスファルト防水密着工法

① アスファルト防水密着工法による防水工事では、平場部のルーフィング類を張り付ける前に、下図のような出隅部および入隅部において、幅300mm程度のストレッチルーフィングまたは改質アスファルトシートを増張りする必要がある。

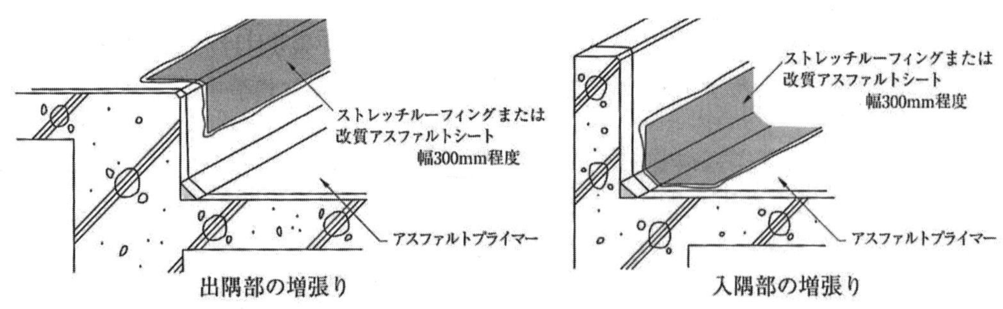

出隅部・入隅部の増張り

② アスファルト防水密着工法による防水工事では、平場部のルーフィング類を張り付ける前に、下図のようなコンクリートスラブの打継ぎ部において、幅 50mm 程度の絶縁用テープを張り付けた上に、幅 300mm 程度のストレッチルーフィングを増張りする必要がある。

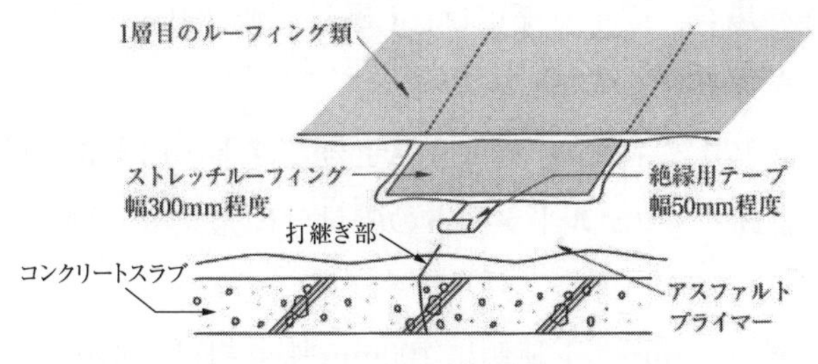

コンクリートスラブ打継ぎ部の増張り

③ 環境対応低煙低臭型防水工事用アスファルトは、発煙や臭気が少なく、低い温度でも溶融させられるアスファルトである。流し張りには、このアスファルトを用いるべきである。環境対応低煙低臭型防水工事用アスファルトの溶融温度の上限は、240℃とする。溶融温度を 300℃まで上昇させると、必要な粘着力が得られなくなり、発煙や臭気が多くなる。

3-2	防水工事	改質アスファルトシート防水工法について、不適当なものを２つ答えよ。

(1) 改質アスファルトシート防水工事で、シートの表面をトーチであぶり溶融し張り付けた。

(2) 断熱露出仕様の場合、立上り際には、1層目に幅300mm程度の粘着層付改質アスファルトシートを張る。

(3) 入隅部では、立上りに100mm程度立ち上げて浮き、口あきを防止する。

(4) 出入隅角は、改質アスファルトシートの張付けに先立ち、200mm角の増張シートを張った。

(5) ルーフドレン側に50mm、下地側に100mm張り掛けて溶融し、段差のないよう焼いた金ごてで段差をなくした。

解　答　(1)、(2)

ポイント解説

(1)：改質アスファルトシートは裏面をあぶりアスファルトを溶融させ張り付ける。

(2)：立上り際には1層目に幅500mm程度の全面接着型の粘着層付改質アスファルトシートを張る。

解　説　改質アスファルト防水工法

改質アスファルトシート防水工法

改質アスファルトシート防水常温粘着工法・断熱露出仕様とは、裏面に粘着層が付いた改質アスファルトシートを、裏面の剥離紙などを剥がしながら張り付ける工法のうち、断熱処理を行うものである。改質アスファルト防水トーチ工法（改質アスファルトシートの裏面および下地面をトーチで加熱・溶融させてシートと下地を密着させる工法）とは異なり、常温で施工されることが特徴である。

断熱材の上が絶縁工法となる立上がり際の平場部のうち、幅500mm程度の部分にある防水層の1層目には、次の図のように、粘着層付改質アスファルトシートを張り付けなければならない。

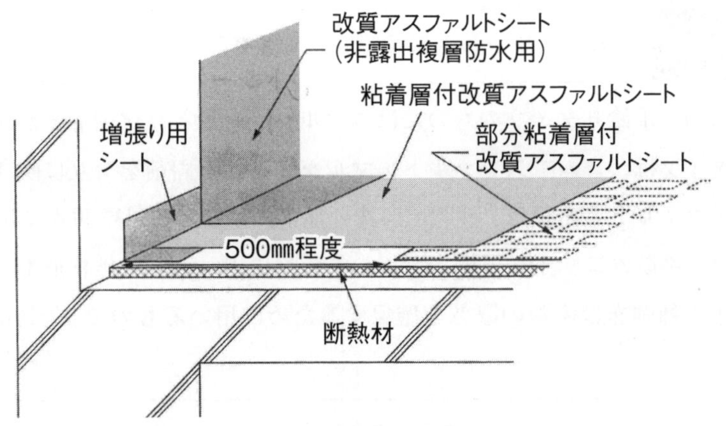

立上がり際に張り付ける粘着層付改質アスファルトシート

また、その出隅部および入隅部では、増張りとして、幅200mm程度の増張り用シートを、下図のように、立上りに100mm程度立ち上げて、浮きや口あきが生じないように張り付けなければならない。

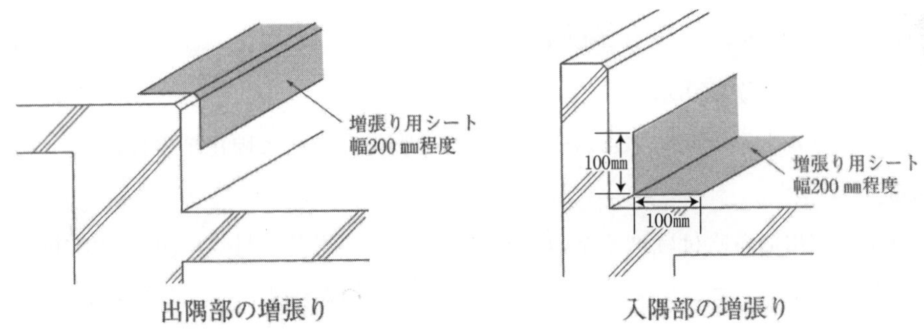

出隅・入隅部の増張り例

仕上げ工事基礎能力・管理知識

3-3 防水工事 ゴムアスファルト系塗膜防水工法で不適当なものを２つ答えよ。

(1) 塗膜防水の、手塗りタイプのものにはエマルション形と硬化剤形とがある。
(2) 吹付けタイプは、ゴムアスファルトエマルションと凝固剤を交互に吹き付ける。
(3) ゴムアスファルト系塗膜は、主にRC造の地下外壁などの外壁防水に用いた。
(4) ウタンゴム系防水は、主に外壁や屋根の塗膜材に用いる湿気硬化形塗材である。
(5) 塗膜防水の補強布は塗膜の厚さを確保するために用いるもので、立上り部に用いない。

解答 (2)、(5)

ポイント解説

(2)：ゴムアスファルトエマルションと凝固剤とは同時に吹き付ける。
(5)：補強布は塗膜厚を保持できるので、立上り部や傾斜面の施工に用いる。

解説 ゴムアスファルト系塗膜防水

ゴムアスファルト系塗膜防水

ゴムアスファルト系塗膜防水における凝固剤の吹付け方法と硬化剤の役割は、下記の通りである。

(1) 外壁下地に用いる吹付けタイプのゴムアスファルト系防水材（L-GU）の吹付けでは、専用吹付機を用いてゴムアスファルトエマルションと凝固剤を同時に吹き付けて、凝固・硬化を促進させる。
(2) 手塗りの場合の硬化剤は、ゴムアスファルトエマルションと共に室内仕様のゴムアスファルト系防水材（L-GI）と、地下外壁仕様のゴムアスファルト系防水材（L-GU）の硬化を促進させる。
(3) ゴムアスファルト系塗膜防水工法・地下外壁仕様(L-GU)の工程は、下表の通りである。

工程＼部位	地下外壁（RC下地）		
工程－1	プライマー吹付け又は塗り（0.2kg/m^2）		
工程－2	ゴムアスファルト系防水材吹付け又は塗り（7.0kg/m^2）		
工程＼保護・仕上げ	現場打ちコンクリート	コンクリートブロック類	保護緩衝材
工程－1	保護緩衝材の取付け	保護緩衝材の取付け	保護緩衝材の取付け
工程－2	配筋	コンクリートブロック施工	埋戻し
工程－3	型枠の設置	埋戻し	－
工程－4	コンクリート施工	－	－
工程－5	埋戻し	－	－

参考

＊(1) 各種の塗膜防水材の規定は、下記の通りである。

① ウレタンゴム系防水材は、屋根用の塗膜防水材の規定に適合するものとする。

② アクリルゴム系防水材は、外壁用の塗膜防水材の規定に適合するものとし、その固形分を65%～75%とする。

③ ゴムアスファルト系防水材は、屋根用の塗膜防水材の規定に適合するものとし、その固形分を60%～85%とする。

＊(2) 塗膜防水層は、その仕様により下記の6種類に分類される。

① ウレタンゴム系塗膜防水工法・密着仕様（記号L-UF）

② ウレタンゴム系塗膜防水工法・絶縁仕様（記号L-US）

③ アクリルゴム系塗膜防水工法・外壁仕様（記号L-AW）

④ ゴムアスファルト系塗膜防水工法・室内仕様（記号L-GI）

⑤ ゴムアスファルト系塗膜防水工法・地下外壁仕様（記号L-GU）

⑥ FRP系塗膜防水工法・密着仕様（記号L-FF）

3-4 防水工事 密着保護仕様アスファルト防水について不適当なものを２つ答えよ。

(1) 密着保護仕様とは、人が通行するため、防水層を保護するコンクリート層等を持つものをいう。
(2) コンクリートスラブの継手部の絶縁テープ上に、幅 200mm のストレッチルーフィングを増張りした。
(3) 立ち上り部と平場部に張り掛けるときのアスファルトシートの重ね幅は 100mm とした。
(4) 水上側のシートが水下側シートの上になるよう、幅 100mm 相互に重ね合わせた。
(5) ルーフドレンの回りに網状ルーフィングを巻き、アスファルトで目つぶし塗りとした。

解答 (2)、(3)

ポイント解説

(2)：コンクリートスラブ継目部の増張りは、幅 300mm のストレッチルーフィングで行う。
(3)：平場と立上り部の重ね幅は 150mm、平場と平場の重ね幅は 100mm とする。

解説 密着保護仕様アスファルト防水

密着保護仕様アスファルト防水

密着保護仕様とは、アスファルト防水層を保護するため、現場打ちコンクリート・コンクリート平板類・砂利・断熱材等を被覆するものである。これは、アスファルト防水層上を歩行者用通路や駐車場として利用する場合に用いられる。

① 一般平場部と立上り部または立下り部で構成される出隅・入隅は、平場部にルーフィング類を張り付ける前に、幅 300mm 程度のストレッチルーフィングの流張りを使用して均等に増張りする。このとき、アスファルトの使用量は 1.0kg/m^2 とする。

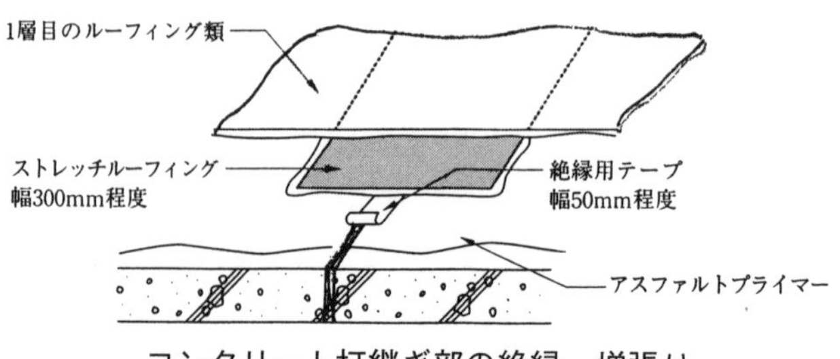

コンクリート打継ぎ部の絶縁、増張り

② コンクリート（RC）の打継ぎ部は、平場部にルーフィング類を張り付ける前に、幅50mm程度の絶縁用テープを張り付け、幅300mm程度のストレッチルーフィングを増張りする。

③ プレキャストコンクリート板の継手目地部は、平場部にルーフィング類を張り付ける前に、ストレッチルーフィングを両側のプレキャストコンクリート板（PCa）にそれぞれ100mm程度張り掛け、それを絶縁増張りする。

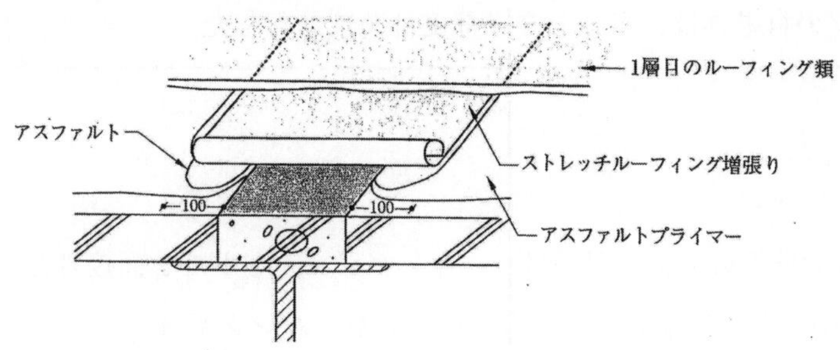

PCaの継手目地部の絶縁増張り（JASS8より）

④ PCaの接合部及びALCの短辺接合部は、断熱材または防湿層を張り付ける前に、幅50mm程度の絶縁用テープを張り付ける。

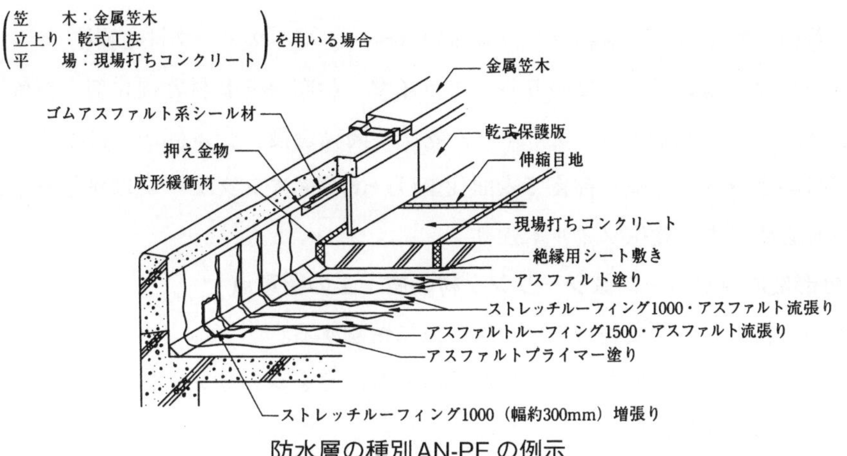

防水層の種別AN-PFの例示

3-5 防水工事 シーリングのワーキングジョイント施工で不適当なものを２つ答えよ。

(1) ワーキングジョイントとは、ALC 版のように伸縮する目地のことをいう。
(2) ワーキングジョイントは伸縮できるよう３面接着とした。
(3) シーリングの高さを調整するためバックアップ材を用いた。
(4) ２面接着では伸縮確保のため、バックアップ材の上にボンドブレーカを張った。
(5) シーリングの打継ぎは、目地の交差部又は角部で行った。

解答 (2)、(5)

ポイント解説

(2)：ALC 版等の伸縮の大きい目地はワーキングジョイントで２面接着とし、コンクリートスラブのように伸縮の少ないものはノンワーキングジョイントとして３面接着とする。

(5)：シーリングの打継ぎは、目地の交差部又は角部は避ける。

仕上げ工事基礎能力・管理知識

解説 ワーキングジョイントシーリング

1. シーリング材の施工手順

①接着面の乾燥状態の確認→②被着面の清掃→③バックアップ材の装填・ボンドブレーカ張り→④マスキングテープ張り→⑤プライマー塗布→⑥基材と硬化剤を機械練りとし２成分形シーリング材→⑦プライマーの乾燥時間経過後、交差部から打始め、交差部を避けて打継ぎ→へらで強く押えて表面仕上げ→⑧マスキングテープはがし→⑨充填後の清掃→⑩必要により養生フィルム張り

2. ２成分形変成シリコーン系シーリング材の施工上の留意点

基本的な施工手順は変わらないが次の点に留意する。

① シーリング材は基材および硬化剤の組み合わせをシーリング材製造所の指定の通りに行い、機械練りとする。

② 可使用時間に使用できる量でかつ１缶単位で練混ぜする。

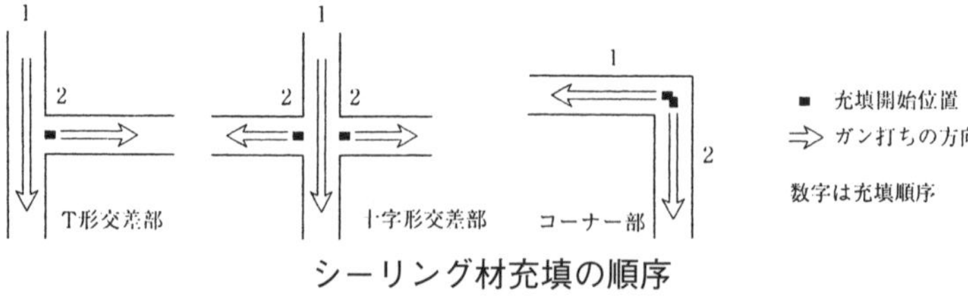

シーリング材充填の順序

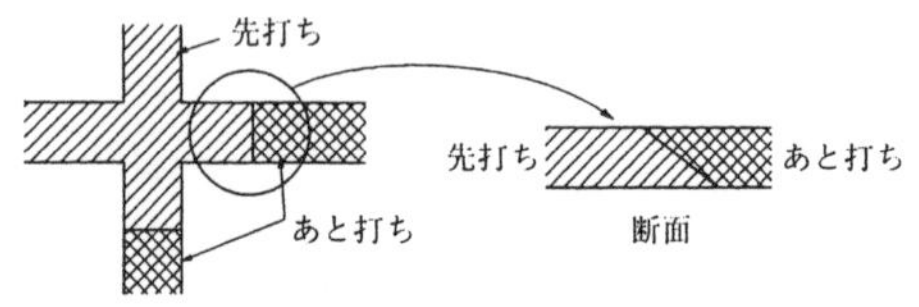

シーリング材の打継ぎ（一般の打継ぎ）

3. ワーキングジョイント・ノンワーキングジョイント

① シーリング工事におけるバックアップ材は、特にワーキングジョイント（伸縮のある継目）に充填されるシーリング材の伸縮する機能を十分に発揮させ、長期間の耐久性を維持するため、シーリング材の下部に装填する成型材料である。

② ワーキングジョイントに用いるバックアップ材は、シーリング材を目地構成と相対する２面のみ接着させて、底面はボンドブレーカをバックアップ材上面に貼り付けて、シーリングの接着を防止し、２面接着とする。

このことで、長期間の繰返しムーブメント（伸縮）に追従性を確保する他、バックアップ材はシーリング材の目地深さを調節し、その位置を確保する役割がある。

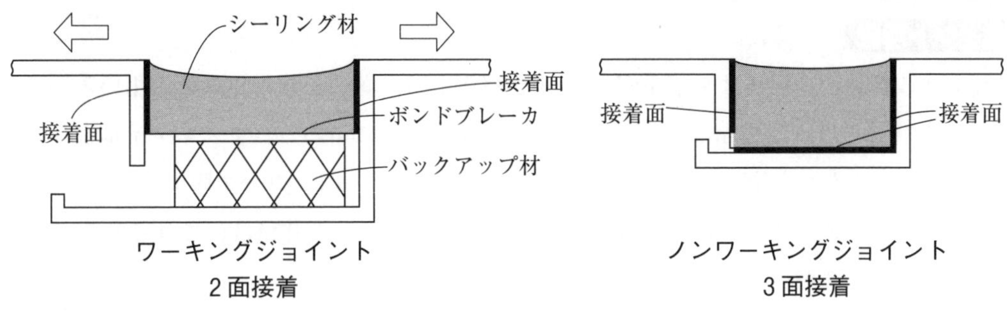

ワーキングジョイント
2面接着

ノンワーキングジョイント
3面接着

3-6	タイル工事	外壁タイル後張り工法について、不適当なものを2つ答えよ。

(1) マスク張り下地は、中塗りまで行い、タイル裏面に張付けモルタルを塗り張り付ける。
(2) マスク張りは、張付けモルタルを塗ったあと、20分を限度に張り付ける。
(3) モザイク張りは、寸法が25mm以下でマスクの使用をしないで張り付ける方法である。
(4) モザイク張りは、張付けモルタルを下地側に2層に塗り分け、20分以内に張り終えた。
(5) モザイク張りは、1回の塗り付け面積の限度は2m²/人としなければならない。

解答 (2)、(5)

ポイント解説

(2)：マスクタイル張りはタイルが25mmを超え小口未満のときにマスクを用いる。モザイクタイル張りは25mm以下の小さいタイルの場合に用いる。マスクタイル張りは張付けモルタルを塗った後5分を限度に、モザイクタイルは20分を限度に張り終える。また、マスクタイルは張付けモルタルをタイル裏面に塗り付け、モザイクタイルは下地面に2層に分け、1層目にこて圧をかけ塗り付ける。

(5)：モザイク張りは1回の塗り付け面積は3m²/人を限度とする。

解説 外壁タイル後張り工法マスク張り

外壁タイル後張り工法

① セメントモルタルによる外壁タイル後張り工法の一種であるマスク張りは、裏面にモルタルを塗り付けたタイルを張り付ける工法である。張付けモルタルを塗り付けたタイルは、塗り付けてから5分以内に張り付けなければならない。また、セメントモルタルの練混ぜから張付けまでの時間は、60分以内としなければならない。この「5分」と「60分」は、混同しないように覚えておく必要がある。

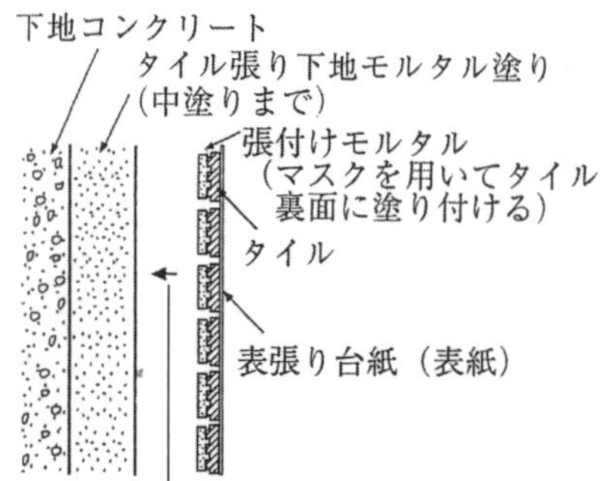

外壁タイル後張り工法（マスク張りの場合）

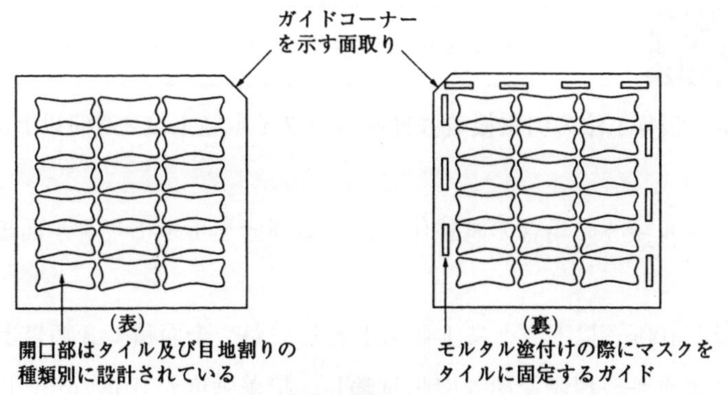

マスク板の形状の一例

② セメントモルタルによる壁タイル後張り工法の一種であるモザイクタイル張りでは、マスク張りの場合とは異なり、張付けモルタルを２層に分けて塗り付ける。その１層目は、特に剥離しやすいので、こて圧をかけて塗り付ける必要がある。また、張付けモルタルの総塗厚は、4mm 程度とする。

③ 外壁タイル張り面の伸縮調整目地（ひび割れ誘発目地）のうち、縦目地（垂直目地）は 3m 内外に（3 m～4 m程度の間隔で）割り付けることが一般的である。また、横目地（水平目地）は各階の打継ぎ目地に合わせる必要がある。

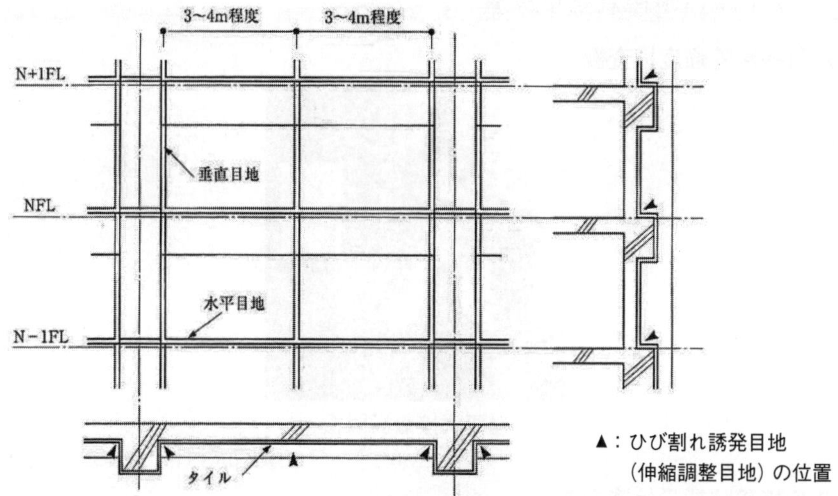

外壁タイル張り面の伸縮調整目地の位置

3-7 タイル工事　タイル後張り接着力試験について、不適当なものを２つ答えよ。

(1) 外壁タイル後張り工法の引張接着強度検査はタイル施工後2週間以上あけた後に行った。

(2) 下地がモルタル塗りの場合の試験体は、目地部分を下地モルタル面まで切断し縁切した。

(3) 試験体数は、100m² 以下ごとに1個以上とし、かつ全面積で3個以上とした。

(4) タイル面にエポキシ樹脂を塗り引張試験し、接着強度が0.6N/mm² 以下を不合格とした。

(5) 引張試験のタイルの接着界面の破壊率が50％以下を確認した。

解答　(2)、(4)

ポイント解説

(2)：下地がモルタル塗りの場合はコンクリート面まで切断する。

(4)：タイルの引張接着強度が0.4N/mm² 以上で、かつ接着界面の破壊率が50％以下の場合に合格とする。

解説　タイル引張接着強度検査

1. タイル引張接着強度検査機

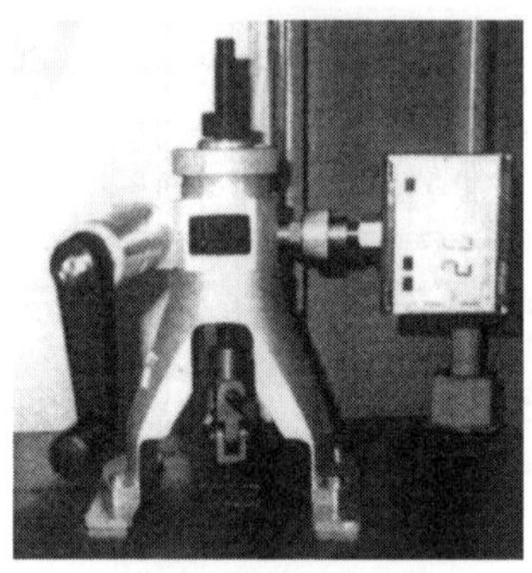

建研式接着試験機

出典：JASS19　建築工事標準仕様書同解説

2. タイルの接着状態の検査の方法

① 打診検査は、張付けモルタル硬化後にテストハンマーでタイル全面をたたき、清色、濁音の聞き分けをして、タイルの浮きの有無を確認する。

② 接着力試験は、タイル張り施工後、2週間以上経過してから、タイル周辺をコンクリート面までカッターで切断して、縁を切って接着力試験器のアタッチメントをエポキシ樹脂で接着し、引張試験を行い、接着力が0.4N/mm² 以上かつ接着界面の破壊率が50％以下であることを確認する。不良部分は切断してタイルを取り除き張り替える。

③－8 タイル工事 改良圧着張り工法について、不適当なものを２つ答えよ。

(1) 改良圧着張り工法の張付けモルタルは機械練りとし、下地面に２層塗りとした。
(2) 改良圧着張り工法では、タイル裏面に張付けモルタルを塗り、60分以内に張り付けた。
(3) 改良圧着張り工法では一度に塗り付ける張付けモルタル塗りの面積を $3m^2$/ 人とした。
(4) 張付けは、タイル周辺からモルタルがはみ出すまでたたき締めて通りよく平らに仕上げた。
(5) 化粧目地の施工は、タイル張付後24時間以上経過した後、目地深さの1/2以下に仕上げた。

解 答 (1)、(3)

ポイント解説

(1)：改良圧着張り工法は下地面には１層だけ張付けモルタルを塗り、タイル裏面にも張付けモルタルを塗る。両側に張付けモルタルを塗り張付ける。密着張りのように下地に２層に分けて張付けモルタルを塗らない。
(3)：改良圧着張り工法では一度に塗り付ける面積は $2m^2$/ 人以内とする。

解 説 タイル後張り工法の特徴

1. タイル改良圧着張り工法

改良圧着張り工法の施工上の留意点は以下の通りである。

① １回の塗付け面積は $2m^2$/ 人以内とし、下地面に、4～6mm程度の厚さでむらなく塗る。混練から施工完了までの時間は60分以内とする。混練は機械練りとする。
② 塗り置き時間は30分以内（冬季は40分以内）とする。
③ タイル裏面に、張付けモルタルを1～3mm程度の厚さに塗り、平らに均す。それを下地面に押さえ付け、モルタルがはみ出すまでハンマでたたき押さえを行う。その後、水糸に合わせ通りを揃えて張り付ける。
④ 施工の良否を確認するため、１日に２回程度、張付け直後にタイルを取り外し、接着の状態を確認する。

要点は以下の通りである。

① 張付けモルタルは機械練りとする。
② 張付けモルタルは、下地側4～6mm、タイル裏面1～3mmの２層となる。
③ 一度に塗り付ける面積は $2m^2$/ 人以内とし、作業は60分以内に行う。

2. タイル後張り工法の特徴

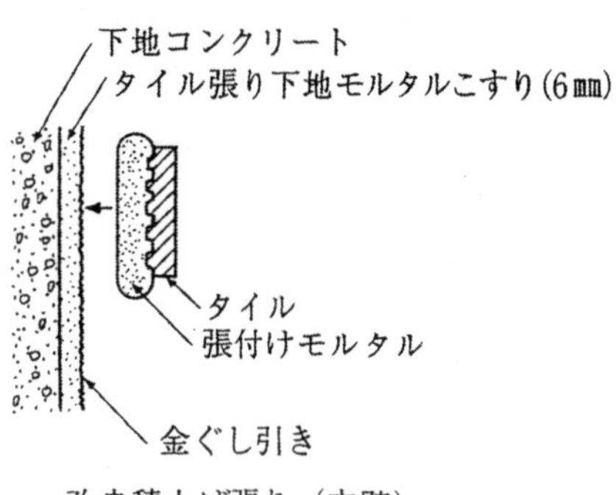

改良積上げ張り（内壁）
（下から張っていく）

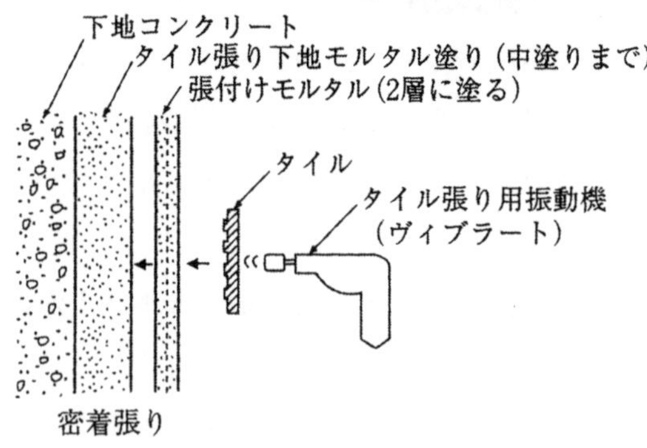

密着張り

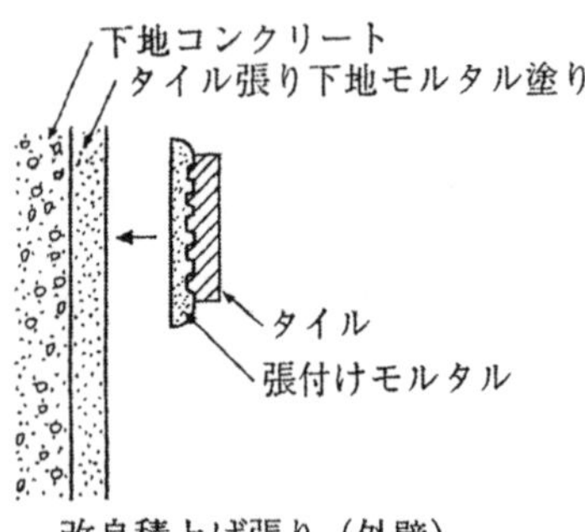

改良積上げ張り（外壁）
（下から張っていく）

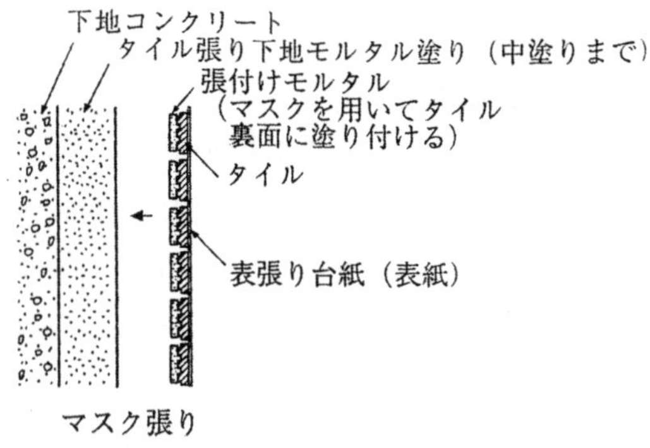

マスク張り

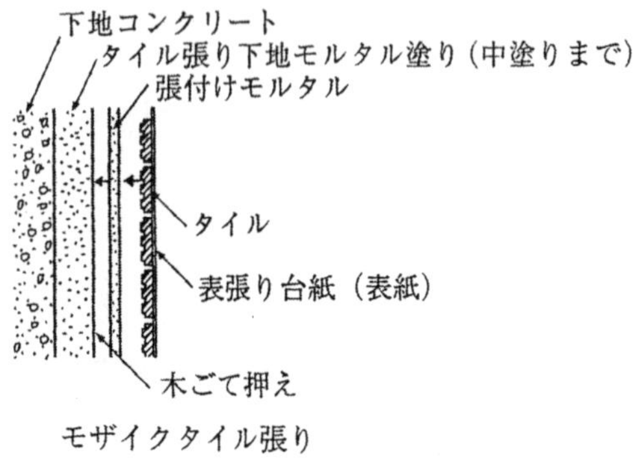

モザイクタイル張り

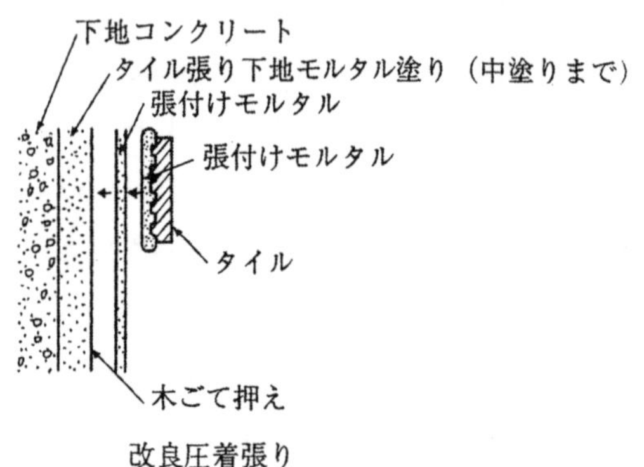

改良圧着張り

3-9 **タイル工事** **まぐさタイルの施工について、不適当なものを2つ答えよ。**

(1) 陶磁器質タイルをまぐさやひさし先端下部などに張り付けるときは小口タイル以上のタイルを用いた。
(2) まぐさタイルは、剥落防止用引き金物として、なまし鉄線を用いた。
(3) 剥落防止用引金物として、下地面のアンカービスで固定する時、ステンレス鋼線の径を 0.4mm とした。
(4) 剥落防止用引金物として、ステンレス鋼線を張付けモルタル中で固定する時、ステンレス鋼線の径を 0.6mm とした。
(5) まぐさタイルを支持養生するため、タイル下部に受木を付えて24時間以上支持した。

解答 (2)、(3)

ポイント解説

(2)：なまし鉄線は錆やすいので径 0.6mm 以上のなましステンレス鋼線を用いる。
(3)：アンカービス等で固定支持するとき、なましステンレス鋼線の直径は 0.8mm 以上とする。

解説 まぐさタイルの施工

まぐさタイルの施工

陶磁器質タイル張りにおいて、まぐさ、ひさし先端下部などの剥落の恐れが大きい箇所に小口タイル以上の大きさのタイルを張る場合、剥落防止用引金物として、径 0.6mm 以上（アンカービス等に緊結するとき径 0.8mm 以上）のなましステンレス鋼線を張付けモルタル塗りに塗り込んでおき、まぐさ用のタイルの引金物の穴に通して固定する。必要に応じて受木を添えて24時間以上支持する。

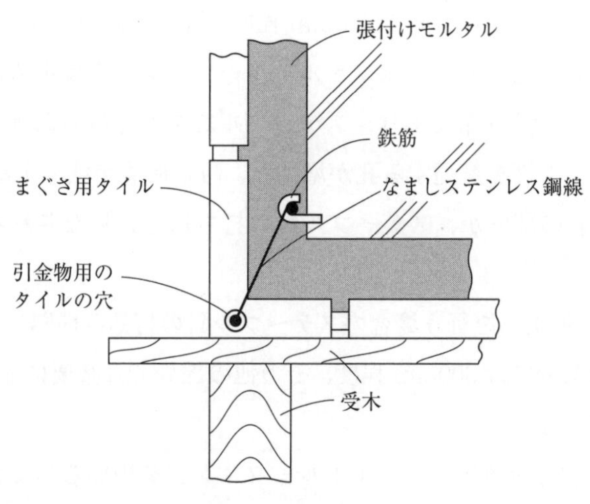

3-10 屋根工事 金属板葺き屋根下葺ルーフィングで、不適当なものを２つ答えよ。

(1) 下葺きアスファルトルーフィングは、水平方向に軒先から水上方向へ葺き進めた。
(2) シートの長辺部と短辺部との重ね合せ長さは、共に100mmとした。
(3) 仮止めするステープル釘の打込み間隔は、隣接するルーフィングの重ね部では450mmとした。
(4) 仮止めするステープル釘の打込み間隔は、重ね部以外では900mmとした。
(5) 改質アスファルトルーフィングを用いたので、ステープル釘は用いなかった。

解答 (2)、(3)

ポイント解説

(2)：下葺きアスファルトルーフィングの短辺方向は200mm、長辺方向は100mmを重ね合わせる。

(3)：ステープル釘の打込み間隔はアスファルトルーフィングの重ね部では300mmとする。

解説 下葺きアスファルトルーフィングの固定

下葺きアスファルトルーフィング

金属板葺きによる屋根工事の下葺きに用いるアスファルトルーフィングは、防水を目的とするものであり、軒先より（水下側から水上側に向かって）葺き進める。隣接するルーフィングは、下図のように、水上側のルーフィングが下葺材の上に来るように重ね合わせる。その重ね幅は、シートの短辺部（屋根の長手方向）では200mm以上、シートの長辺部（屋根の流れ方向）では100mm以上とする。

現在では廃止された昔の規定では、「仮止めを行う場合のステープル釘の打込み間隔は、ルーフィングの重ね屋根の流れ方向で300mm程度、流れに直角方向では900mm以内とする」と定められていた。しかし、アスファルトルーフィングの仮止めは、作業効率と安定性を向上させるために行う作業であり、ステープル釘を多く打ち過ぎると、下葺きとなるアスファルトルーフィングを貫通する孔が増加し、防水機能が低下する。現在では、「流れ方向で300mm程度」の部分が、ステープル釘の打ち過ぎと見なされるようになり、この規定は変更になった。

現在の規定では、「仮止めを行う場合のステープル釘の打込み間隔は、隣接するルーフィングを重ね合わせた部分では300mm程度、その他の部分では必要に応じて900mm以内とする」と定められている。

なお、粘着層を有する改質アスファルトルーフィングを用いるのであれば、粘着層による下地への仮止めが可能であるため、ステープル釘は不要である。

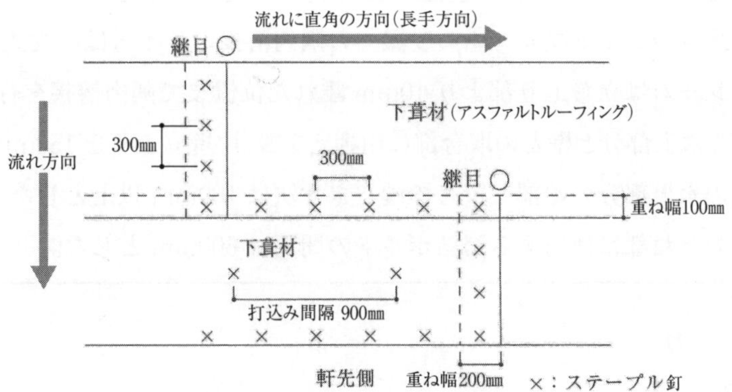

下葺きとなるアスファルトルーフィングの施工

仕上げ工事基礎能力・管理知識

3-11	屋根工事	金属折板葺き工法で、不適当なものを２つ答えよ。

(1) 金属折板葺きのタイトフレームの受梁への隅肉溶接のサイズは、受梁板厚とする。
(2) タイトフレームは立ち上り部より 10mm 離れた位置まで隅肉溶接を行った。
(3) 金属折板の水上部分と壁との取合部に雨押えを設け、壁立上りを 150mm 以上とした。
(4) 金属折板の水上部分の端部と壁との端空き寸法は 100mm 以上とした。
(5) 金属折板の重ね部に使用する緊結ボルトの間隔は 600mm とした。

解答 (1)、(4)

ポイント解説

(1)：タイトフレームの隅肉溶接のサイズはタイトフレームの板厚さとする。

(4)：金属折板の水上部分の端部と壁との端空き寸法は 50mm 以上とする。端空き空間部の上部には水止め面戸と雨押えを行い、雨の浸入を防止する。

仕上げ工事基礎能力・管理知識

解説 金属製折板葺き屋根の施工

金属製折板葺き屋根のタイトフレームの施工

① 金属製折板葺き屋根のタイトフレームは、隅肉溶接によって受梁に接合する。この隅肉溶接は、タイトフレームの立上り部分の縁から 10mm 離れた位置で、タイトフレーム下底の両側に行う。この隅肉溶接のサイズは、タイトフレームの板厚と同じとする。

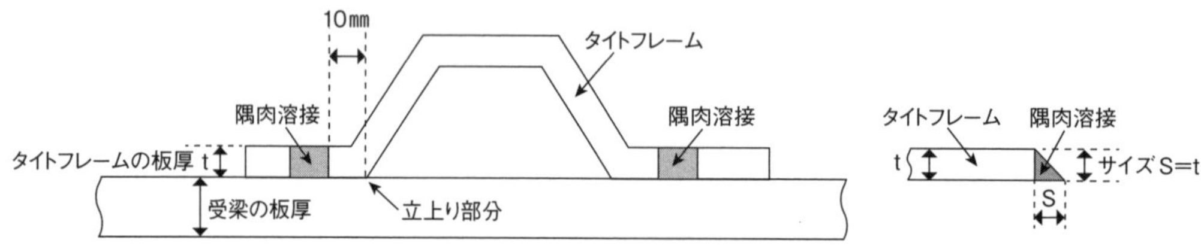

タイトフレームと受梁との隅肉溶接

② 金属製折板葺き屋根には、水上部分の折板と壁との取合い部に、雨押え（屋根を伝う雨水が壁内に浸入しないようにするための金具）を設ける必要がある。この雨押えの壁際立上りは、150mm 以上とする。

③ 金属製折板葺き屋根の重ね形折板は、壁との間に 50mm 以上の間隔を確保して設ける。この間隔（空隙の幅）を、重ね形折板の端部の端あき寸法という。

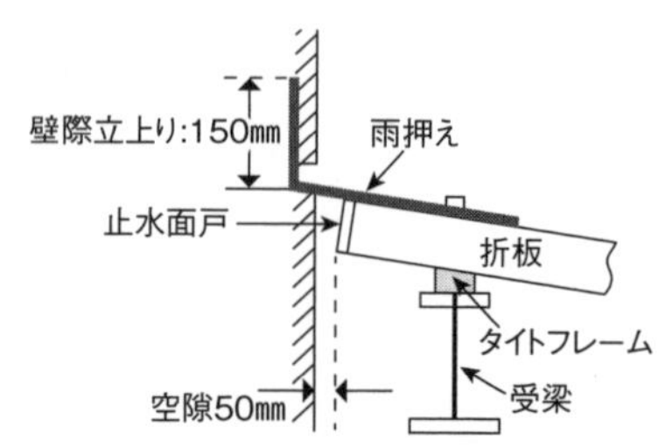

折板と壁との境界部
（雨押えの壁際立上りと重ね形折板の端あき寸法）

金属折板屋根下地の施工

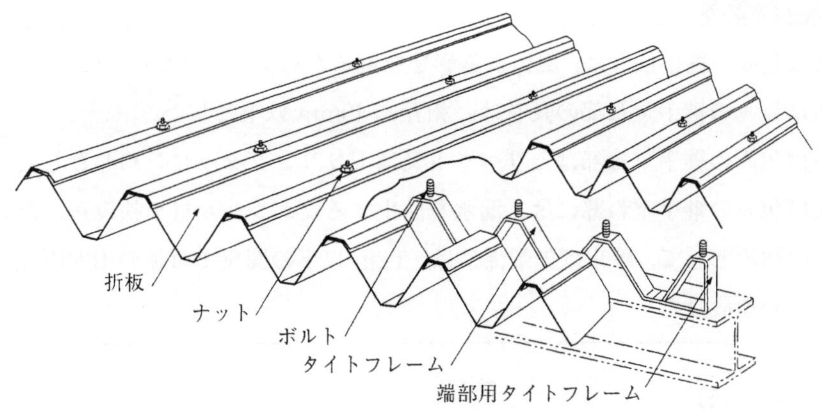

重ね形折板屋根の例

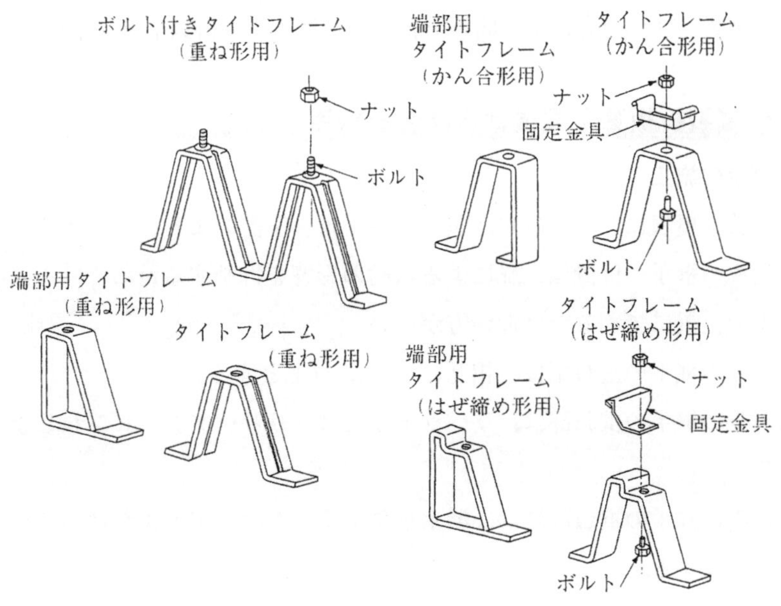

構成部品の例

金属製重ね形折板葺きとする鉄骨屋根下地を施工するときの留意点は、下記の通りである。

(1) 折板の流れ方向には、原則として、継手を設けない。

(2) 重ね形折板は、緊結ボルトを用いてタイトフレームに固定する。

(3) タイトフレームは、すみ肉溶接により下地材と溶接する。その後、スラグを除去し、亜鉛めっき鋼面錆止め塗料を塗り付ける。

(4) 緊結ボルトの相互間隔は、600mm 程度とする。

(5) けらば包みを用いたときは、変形防止材を使用しないことが一般的である。

3-12 屋根工事 折板葺き屋根けらば包み継手について、不適当なものを２つ答えよ。

(1) けらば包みの継手位置は、風による影響を避るためタイトフレームに近づけ設けた。
(2) けらば包みの継手重ね部の長さは、相互に 40mm 以上とした。
(3) けらば包みの継手重ね部は、リベット又はドリリングタッピンねじとした。
(4) けらば包みの継手重ね部には、漏水を防止するためシール材を挟み込んだ。
(5) けらば納めとして、けらば先端部には、1.2m 以下の間隔で折板の山間隔の２倍以上の振れ止めを設けた。

解答 (2)、(5)

ポイント解説

(2)：けらば包みの継手重ね部の長さは相互に 60mm 以上とする。
(5)：けらば納めには、1.2m 以下の間隔で折板の山間隔の３倍以上とした振止めを設ける。

解説 金属製折板葺き屋根けらば包み継手

けらば包み継手の施工

鋼板製折板葺き屋根におけるけらば包みの継手は、下記のように施工する。

(1) けらば包みの継手の位置は、風による振動の影響を抑制するため、けらば端部用タイトフレームの位置にできるだけ近い方がよい。
(2) けらば包みの継手の重ね幅は、相互に 60mm 以上とする。
(3) けらば包みの継手の重ね部は、リベットまたはドリリングタッピンねじなどを用いて締め付ける。
(4) けらば包みの継手の重ね部には、漏水を防止するため、定形または不定形のシール材を挟んでシールする。

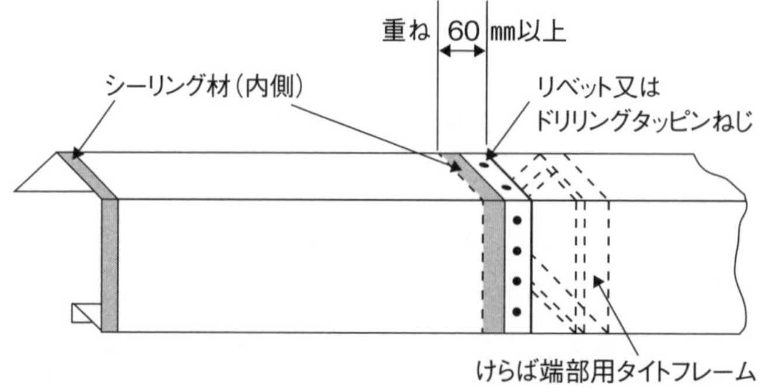

けらば包みの継手部の構造図

3-13	金属工事	軽量鉄骨壁下地工事について、不適当なものを2つ答えよ。

(1) 軽量鉄骨壁下地のランナーの両端部の固定位置は、端部から50mm内側とした。
(2) ランナーの固定間隔は、一般に900mm程度とした。
(3) 上部ランナーに建込むため、スタッドの天端高さは、ランナーの天端との隙間を5mm以下とした。
(4) スタッドに取り付けるスペーサの間隔は600mm程度とした。
(5) ランナーの継手は、重ね継手とし、その長さ20mm程度とした。

解 答 (3)、(5)

ポイント解説

(3)：スタッドの高さはランナーの天端との隙間が10mm以下となるよう切断し、スタッドはランナーに挿入した後90°回転させて取り付ける。

(5)：ランナー相互の継手は突付けとするので、ランナーは重ねてならない。

解 説　軽量鉄骨壁下地の施工

軽量鉄骨壁下地の施工

① 軽量鉄骨壁下地のランナーは、その両端部から50mm内側で固定する。ランナーは、タッピンネジまたは溶接で、軽量鉄骨壁下地に固定する。

② 軽量鉄骨壁下地のランナーは、その中央部では900mm程度の間隔で固定する。この間隔は、ランナーの形状・ランナーの断面性能・軽量鉄骨壁の構成などによって異なる場合はあるが、一般的には900mm程度である。

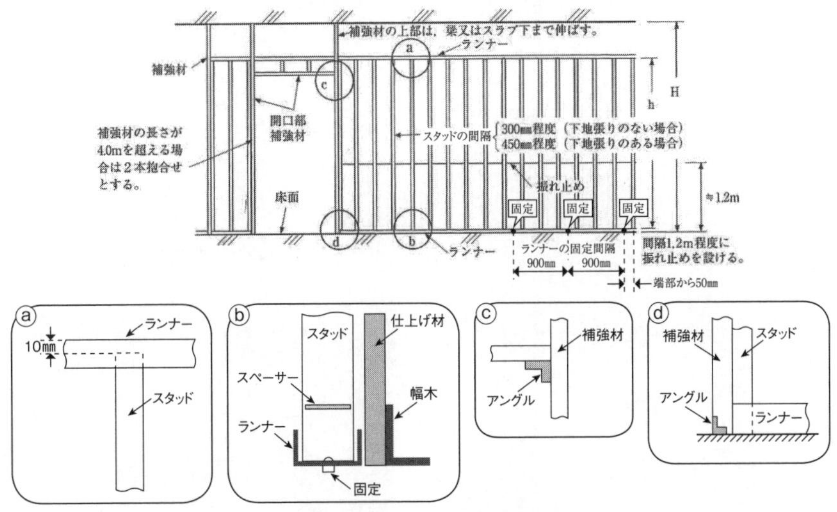

軽量鉄骨壁下地の展開図
（高さHが4.0m以下で、65形のスタッドを使用する場合）

③　軽量鉄骨壁下地のスペーサー（スタッドの剛性を確保し、振れ止めを取り付けるための部材）の相互間隔は、600mm 程度とする。また、軽量鉄骨壁下地の上部ランナーとスタッド天端との間隔は、10mm 以下とする。

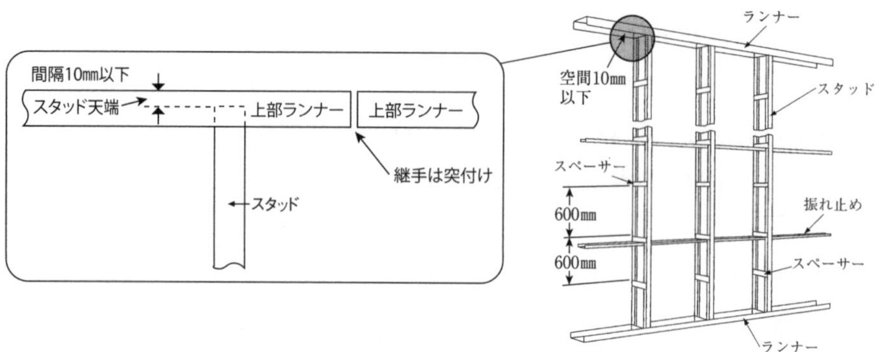

軽量鉄骨壁下地の構造

仕上げ工事基礎能力・管理知識

3-14	金属工事	金属手すりの施工について、不適当なものを2つ答えよ。

(1) 笠木部の割付けの直線部は、定尺を中心とし、コーナ笠木を、先に割付けた。

(2) 笠木をはめ込む下地金具は、パラペット構造体にあと施工アンカーで固定した。

(3) ジョイント下地金具には、防錆のため排水用の溝は設けなかった。

(4) 手すりの継手は5～10m 間隔とし、伸縮継手の伸縮量は長さ1m 当たり鋼材0.2mm、アルミ材1.0mm とした。

(5) 風耐力の必要なときは、引抜力に対して安全なあと施工アンカーの取付を考慮した。

解答 (3)、(4)

ポイント解説

(3)：手すりの笠木のジョイント下地金具には排水のための溝形断面形状のものを用いる。

(4)：手すりの伸縮量は材料の線膨張係数に比例し、長さ1m当たり鋼製の手すりを0.5mm、アルミ製手すりの伸縮量は鋼製の2倍の1.0mmとして、継手部を設置する。

仕上げ工事基礎能力・管理知識

解説 アルミニウム笠木の施工

1. アルミニウム笠木

アルミニウム笠木は、防水層の保護および美観性の向上のため、鉄筋コンクリート造または鉄骨鉄筋コンクリート造の屋上パラペット（胸壁）の天端に、オープン形式で設けられている部材である。アルミニウム笠木の構成部材や取付け状態は、下図のようになっている。

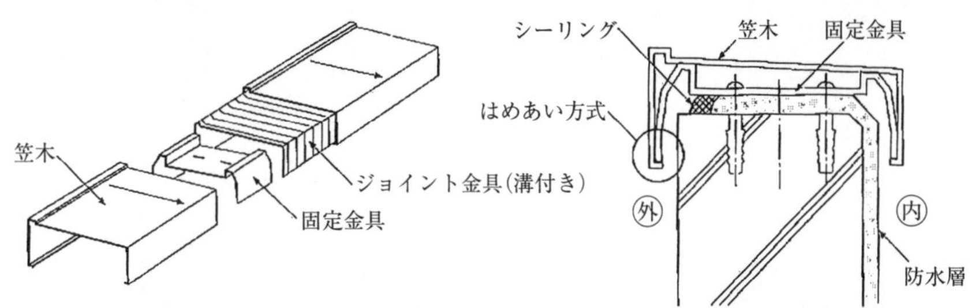

部材の構成例　　笠木の取付け状態の例

※笠木本体は、固定金具に対し、嵌め合い方式により固定される断面形状になっているため、直線部材とコーナー部材（入隅用・出隅用）が用意されている。

2. パラペット天端にアルミニウム笠木を設ける場合の留意事項

パラペット天端にアルミニウム笠木を設ける場合は、次のようなことに留意して作業を行わなければならない。

① 笠木相互の継手部（ジョイント部）は、オープンジョイントを原則とする。

② 笠木相互の継手部では、ジョイント金具と嵌め合い方式を用いて取り付ける。

③　笠木相互の継手部には、温度変化による部材の伸縮に対応するため、笠木の定尺が4 m程度の場合は、5mm～10mm のクリアランス（目地）を設ける。

④　笠木の固定金具は、笠木が通りよく、天端の水勾配が正しく保持されるよう、あらかじめレベルを調整してから取り付ける。

⑤　笠木の固定金具は、パラペット天端の所定の位置に、あと施工アンカーを用いて堅固に取り付ける。

⑥　特に強い風圧が予想される箇所に、あと施工アンカーで固定金具やジョイント金具を取り付ける場合は、風荷重に対して十分な引抜き耐力を確保できるよう、あと施工アンカーの径・長さ・取付け間隔などを検討する。

⑦　長さ 500mm 程度のコーナー部材を取り付けてから、直線部材を取り付ける。

⑧　直線部材については、パラペット全体の形状を勘案し、定尺のものを中心にして割り付ける。定尺以外の調整部分は、中心部に置くか、両端に割り振るか、片端に置く。

⑨　笠木部材を取り付けるときは、施工図を見て、その取付け手順・割付け・各部の納まり（端部・壁付き・他との取合い）などを事前に検討する。

3-15 金属工事 **軽量鉄骨天井工事について、不適当なものを2つ答えよ。**

(1) 天井吊りボルトは、端あき100mm以内で、中間部は800mmの間隔で取り付けた。

(2) 野縁と野縁受けの留付けクリップは、交互に向きを変えて取り付けた。

(3) 野縁と野縁受け同士のジョイント部は、継手金具を用いて千鳥状に配置した。

(4) 野縁間隔は、下地張りのあるときは450mm、下地張りのないときは300mm程度とした。

(5) 天井の振れ止めは、天井のふところが室内1.5m以上、屋外1m以上のとき丸鋼で行った。

解 答 (1)、(4)

ポイント解説

(1)：天井吊りボルトは、壁端から150mm以内、中間部間隔は900mm程度とする。

(4)：野縁の間隔は下地張りのあるときは360mm程度、下地張りのないときは300mm程度とする。

解 説 軽量鉄骨天井下地

1. 軽量鉄骨天井下地の構成

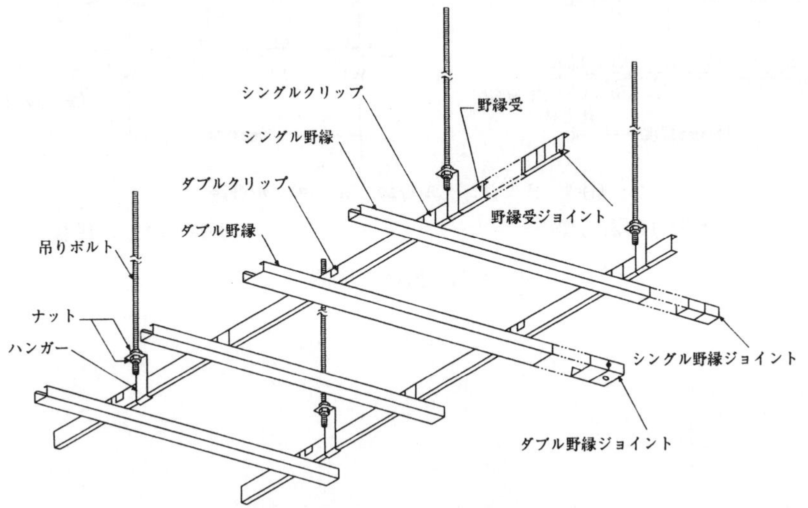

天井下地材の構成部材及び付属金物の名称

2. 軽量鉄骨天井下地の取付け

① 野縁受け、インサート及び吊ボルトは900mm程度に配置し、周辺部から150mm以内に鉛直に取り付ける。

② 天井のふところが1,500mm以上の場合、縦・横間隔1,800mm程度に吊ボルトを水

平補強する。

③ 野縁の間隔は、下地張りのあるとき360mm、下地張りのないとき300mm程度とする。

④ 野縁と野縁受けの留付けクリップは、交互に向きを変え留め付ける。

⑤ 野縁、野縁受け同士のジョイントは、所定の継手金具を用い、吊ボルト近くに設け、千鳥状に配置する。

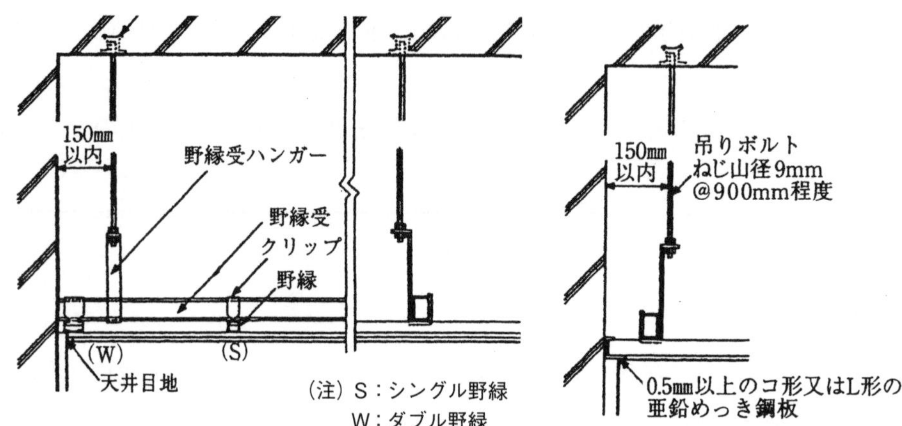

天井下地の組み方　　　下地張りがない天井目地の構造

3. 野縁間隔

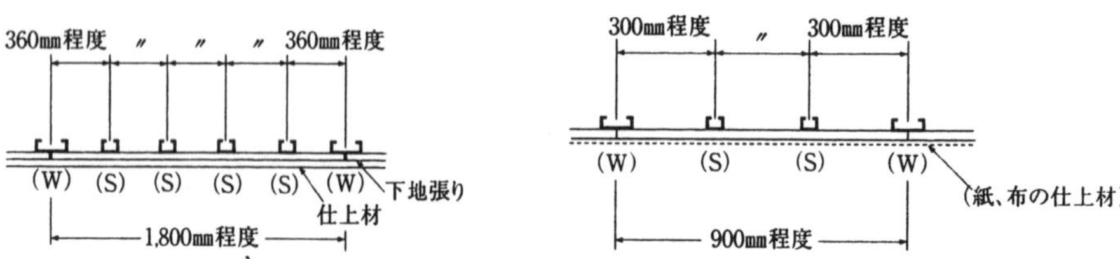

(注) S：シングル野縁　W：ダブル野縁

下地張りのある場合　　　下地張りのない場合

屋内の野縁の間隔

3-16 左官工事　セルフレベリング材塗りについて、不適当なものを２つ答えよ。

(1) セルフレベリング材の標準厚さは 10mm の塗り厚とした。

(2) セルフレベリング材の下地の床面は、踏板を用いて木ごて押えで仕上げた。

(3) 下地面上に吸水調整材塗りを２回行い、十分に乾燥させた後、セルフレベリング材塗りをした。

(4) セルフレベリング材の打継ぎ部は、サンダーで突起等を削り取り平滑にした。

(5) セルフレベリングの養生は、風通しを良くして均一に硬化するように行った。

解答　(2)、(5)

ポイント解説

(2)：床タイルなどの下地となるセルフレベリングの下地コンクリート面は金ごてで仕上げる。

(5)：セルフレベリングの養生は、ひび割れを防ぐため風通しがないよう窓を閉めて養生する。

解説　セルフレベリング工法の施工

セルフレベリング工法の施工

① セルフレベリング材が硬化する前に風が当たると、表層部分だけが乾いて硬化後にしわが発生する場合がある。したがって、流し込み作業中はできる限り通風をなくし、施工後 もセルフレベリング材が硬化するまでは、甚だしい通風を避ける。

② 5℃以下の環境での施工は、硬化遅延や硬化不良を引き起こすおそれがある。また、夜間の気温低下により凍害を受けるおそれがある。

③ 養生は、セルフレベリング材中の余剰水分を乾燥させ、所定の強度を発現させるのに必要で、標準的な塗厚であれば７日以上が目安となるが、低温で乾燥が遅い冬期は 14 日以上を必要とする。また、特にセメント系のセルフレベリング材では、打設後から床仕上げまでの養生期間を必要以上に長くした場合、収縮による浮きやひび割れが発生しやすくなる。

セルフレベリング材工法

仕上げ工事基礎能力・管理知識

3-17	左官工事	セメントモルタル塗り表面仕上げで、不適当なものを2つ答えよ。

(1) モルタル塗りの保水剤は、メチルセルロース等の水溶性樹脂とした。
(2) セメントモルタルの塗り厚さは、床を除いて10mm以下とした。
(3) 下地処理後、吸水調整材塗り又は1〜2mm程度のポリマーセメント塗りとした。
(4) 中塗りは、定規通り良く、平らに仕上げた。
(5) 上塗りは、はけ引き仕上げとし、金ごてでならして軽く押え、はけ目を付けた。

解　答　(2)、(5)

ポイント解説

(2)：セメントモルタル塗りの塗り厚は床を除いて7mm以下とする。

(5)：上塗りのはけ引き仕上げは、木ごてで均したのち、金ごてで軽く押え少量の水を含ませたはけを引き、はけ目の通り良く仕上げる。

解　説　モルタル塗り

1. 壁モルタル塗りの施工

① 下塗り、中塗り、上塗りの3回塗りとする。

② 下塗りは、コンクリート壁面に吸水調整材を製造所の仕様により全面に塗り付ける。塗厚は7mm以下（JASS：9mm以下）で下塗りする。

③ 中塗りは、次の点に留意する。

a. 下塗り面を14日以上放置し十分にひび割らせて、デッキブラシでよく水洗する。

b. 出隅、入隅、ちり回り等は、定規塗りを行い、定規の通りで平坦に塗り付ける。

④ 上塗りは、中塗りの状態を見計らい、面、角、ちり回りに注意して、こてむらをなおし平坦にする。

⑤ タイル張りモルタル下地は木ごて仕上げとし、その他、一般塗装下地、壁張下地、防水下地仕上げは金ごてとする。

2. セメントモルタル仕上げの種類

① 仕上げ材の下地となるセメントモルタル塗りの表面仕上げには、金ごて仕上げ・木ごて仕上げ・はけ引き仕上げ・くし目引き仕上げの4種類があり、その上に施工する仕上げ材の種類などに応じて使い分けられている。それぞれの表面仕上げの施工手順は、下記の通りである。

金ごて仕上げ　：金ごてによる塗付け➡定木ずり➡金ごてによる仕上げ

木ごて仕上げ　：金ごてによる塗付け➡定木ずり➡木ごてによる仕上げ

はけ引き仕上げ　：木ごてで均す➡金ごてで軽く押さえる➡刷毛による仕上げ

くし目引き仕上げ：木ごてで均す➡金ごてで軽く押さえる➡櫛目を付ける

② 建築工事標準仕様書では、一般塗装下地・壁紙張り下地・防水下地・壁タイル接着剤張り下地の表面仕上げは、金ごて仕上げとすることが定められている。

③ 建築工事標準仕様書では、セメントモルタル張りタイル下地（セメントモルタルによるタイル張付け下地）の表面仕上げは、木ごて仕上げとすることが定められている。

3-18 左官工事 吸水調整材の塗布について、不適当なものを２つ答えよ。

(1) 吸水調整材は下地面からモルタルの水分を吸収させないため、厚膜に形成させた。
(2) 吸水調整材塗布後１時間以降１日以内に下塗りを行った。
(3) コンクリート壁や床等の不陸部は水洗しモルタルで補修後、夏期は７日間養生した。
(4) セメントモルタル塗りは、吸水調整材が乾燥しないうちに早期に終らせた。
(5) タイルの下地としてセメントモルタルを塗るときは木ごて仕上げとした。

解 答 (1)、(4)

ポイント解説

(1)：吸水調整材の厚さは製造所の仕様により薄膜とする。厚くするとモルタルが剥離するおそれがある。

(4)：吸水調整材が、十分に乾燥してからセメントモルタル塗りを行う。

解 説 モルタル塗り下地処理

モルタル塗り下地処理

左官工事では、ドライアウトによる付着力の低下を防止するため、モルタルを塗り付ける前に、吸水が著しい塗付け面に吸水調整材を塗布する必要がある。吸水調整材は、下地とモルタルとの界面に、厚さの薄い膜が形成されるように塗布する。この膜が厚すぎると、塗り付けたモルタルが剥がれやすくなる。

吸水調整材の塗布後は、１時間以上の養生を行う必要がある。しかし、この養生時間が長すぎると、埃などが付着して接着を阻害するので、１日程度で下塗りを終わらせることが望ましい。すなわち、吸水調整材塗布後の下塗りまでの適切な間隔時間は、１時間以上１日以内である。

ただし、吸水調整材としてポリマーセメントを使用するときは、吸水調整材の塗布後、直ちに（１時間以上の養生を行わずに）薄層で下塗りを行う必要がある。また、保水性と作業性を向上させるため、粉体の保水剤が使用される場合もある。

3-19	左官工事	仕上げ塗材仕上げについて、不適当なものを２つ答えよ。

(1) 防水形合成樹脂エマルション系複層仕上げ塗材（防水形複層塗材 E）のモルタル下地は、はけ引きとした。
(2) 下塗りは、塗り残しのないように均一に塗り付けた。
(3) 下吹き材の吹付けは、下地面と直角となるようスプレーガンのノズルをやや下向きとした。
(4) 主材塗りは１回又は２回塗りとし、１回と２回の工程時間間隔は２時間以上とした。
(5) 主材塗りは吹付け終了後、模様付けをローラで行い厚さ 3mm 以下とした。

解　答　(1)、(3)

ポイント解説

(1)：外壁コンクリート面に用いる防水形合成樹脂エマルション系複層仕上げ塗材（防水形複層塗材 E）のモルタル下地は、金ごて仕上げとし、はけ引きとはしない。
(3)：スプレーガンのノズルの先端はやや上向きにして吹き付ける。

解　説　仕上げ塗材仕上げ

防水形複層塗材 E の施工

仕上塗材の種類に応じたモルタル下地の仕上げ

仕上塗材の種類（呼び名）	モルタル下地の仕上げ			備　考
	はけ引き	金ごて	木ごて	
外装薄塗材 Si, 外装薄塗材 E, 外装薄塗材 S, 内装薄塗材 Si, 内装薄塗材 E, 内装薄塗材 W, 外装厚塗材 Si, 外装厚塗材 E, 内装厚塗材 Si, 内装厚塗材 E, 複層塗材 CE, 複層塗材 Si, 複層塗材 E, 軽量骨材仕上塗材	○	○	○	薄塗材の場合は, 金ごて又は木ごて
内装薄塗材 C, 内装薄塗材 L, 外装厚塗材 C, 内装厚塗材 C, 内装厚塗材 L, 内装厚塗材 G	○	—	○	薄塗材の場合は, 木ごて
可とう形外装薄塗材 Si, 可とう形外装薄塗材 E, 防水系外装薄塗材 E, 可とう形複層塗材 CE, 複層塗材 RE, 複層塗材 RS, 防水系複層塗材 CE, **防水系複層塗材 E,** 防水系複層塗材 RE, 防水系複層塗材 RS	—	○	—	—

防水形複層塗材 E を用いて施工するときの留意点は、下記の通りである。
(1) 材料は、仕上塗材製造所が指定した量の水を加えて、均一に練り混ぜる。
(2) 下塗りは、だれ・塗り残しが生じないよう、均一に塗り付ける。

(3) 増塗りは、出隅・入隅・目地部・開口部周りなどに、はけ又はローラーを用いて、端部に段差が生じないよう塗り付ける。

(4) 主材塗りは、1回又は2回塗りとし、ローラーまたはスプレーガンを直角よりやや上向きに用いて、色むら・だれ・光沢むらなどが生じないよう均一に塗り付ける。

(5) 上塗りは、2回塗りとし、色むら・だれ・光沢むらなどが生じないよう均一に塗り付ける。

3-20	建具工事	防火区画のシャッターの施工について、不適当なものを２つ答えよ。

(1) 防火シャッターのスラットの板厚は 1.0mm 以上とした。

(2) 防火シャッターのインターロッキング形も防煙シャッターのオーバーラッピング形も遮煙形である。

(3) 防煙シャッターの座板はアルミニウムを使用したので鋼板で覆った。

(4) 防煙シャッターのまぐさ部分は遮煙機構を備えたものとした。

(5) エマージェンシースイッチはリミットスイッチの故障時に使用するスイッチである。

解　答　(1)、(2)

ポイント解説

(1)：防火シャッターの板厚は 1.5mm 以上とする。

(2)：防煙シャッターは、防火・遮煙性があるが、防火シャッターには遮煙性能を有さない。

解　説　防火・防煙シャッター

防煙シャッター

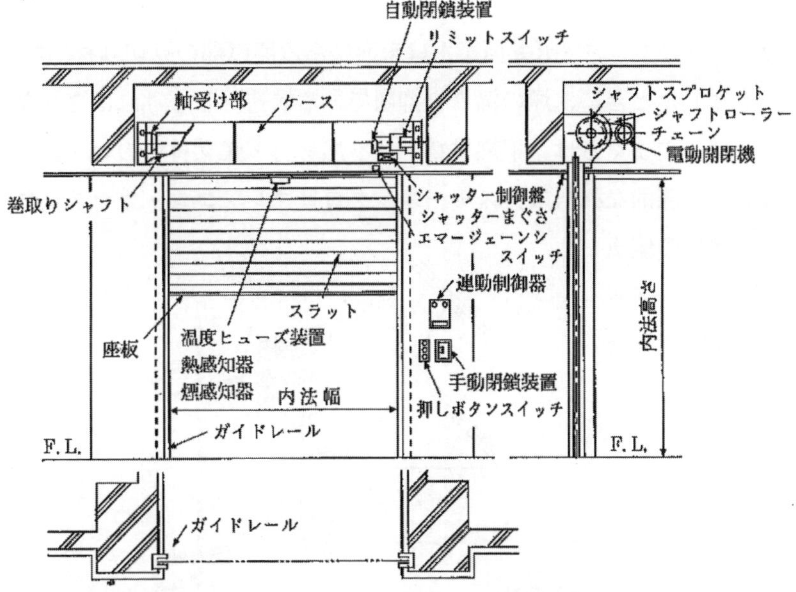

防煙シャッターの構造（上部電動式の例）

① 防煙シャッターのスラット（鋼帯をロール成形した部材）は、オーバーラッピング形としなければならない。オーバーラッピング形のスラットは、その表面がフラット（ほぼ平面）であるため、ガイドレール（シャッターの左右にある案内レール）内においても遮煙性能を確保することができる。インターロッキング形のスラットでは、ガイドレールの部分から煙が漏れ出してしまう。

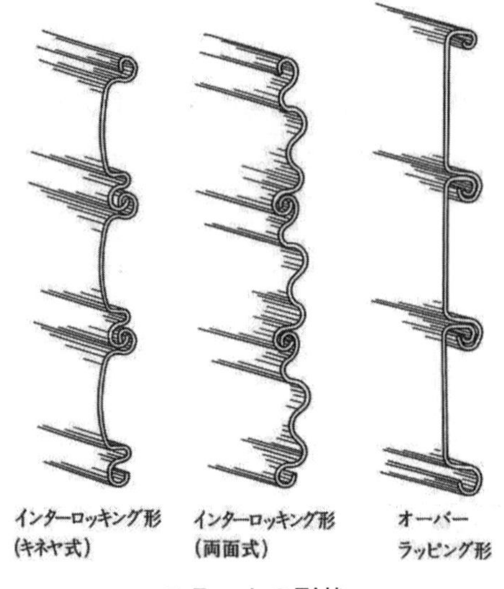

スラットの形状

② 防煙シャッターのまぐさ（天井面または床面にある開口部の見切り材）の遮煙機構は、シャッターを閉じたときに、煙の漏れを抑制できる構造としなければならない。

③ 防煙シャッターのまぐさは、不燃材料・準不燃材料・難燃材料のいずれかで造らなければならない。代表的な材料は、スチール・クロロプレンゴム・ガラスクロスなどである。その遮煙機構の座板（右図の遮煙材）に、アルミニウムを使用する場合は、鋼板で覆わなければならない。

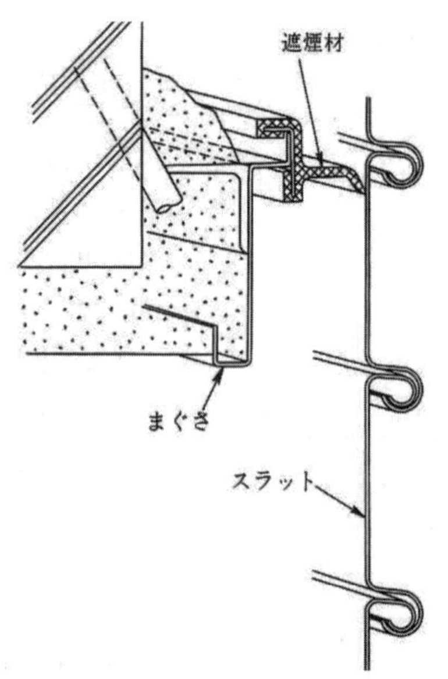

防煙シャッターのまぐさの遮煙機構

3-21 建具工事 ステンレス製建具の施工で、不適当なものを２つ答えよ。

(1) ステンレス製建具のステンレスはSUS304とし、H. L.（ヘアライン）仕上げとした。

(2) ステンレス建具のコーナーの曲げ方には、普通曲げと角出し曲げがある。

(3) ステンレス建具の角出し曲げ材の板厚は1.0mm以上とする。

(4) ステンレス建具の角出し曲げの切込み後の板厚が0.75 mm以下になると補強が必要となる。

(5) ステンレスの切込み部の補強板は直接錆止め塗料を塗り防錆した。

解 答 (3)、(5)

ポイント解説

(3)：角出し曲げをする鋼板の板厚は1.5mm以上とし、ステンレス鋼板とする。

(5)：ステンレスの補強板の防錆処理は、鋼板の下地処理としてエッチングプライマを塗り付ける等の化成処理をした、後に、錆止めの塗料を塗布する。直接錆止め塗料を塗布しない。

解 説 ステンレス建具

ステンレス建具

ステンレス製建具におけるステンレス鋼板の加工方法は、普通曲げと角出し曲げ（角曲げ）に分類される。角出し曲げは、曲げる部分にV字型の溝を設ける加工方法である。角出し曲げができる板厚は、一般に、1.5mm以上である。

角出し曲げは、V字型の溝を切り込んだ後の板厚寸法により、a角（0.5mm）・b角（0.75mm）・c角（1.0mm）の3種類に分類される。a角は、角が鋭いので意匠的には優れるが、強度に問題がある。そのため、角出し曲げは、b角またはc角で行われることが多い。

角出し曲げの分類

呼称	a角	b角	c角
切込み後の残り板厚寸法	0.5mm	0.75mm	1.0mm
補強の必要性	裏板で補強	裏板で補強	補強は不要
形状	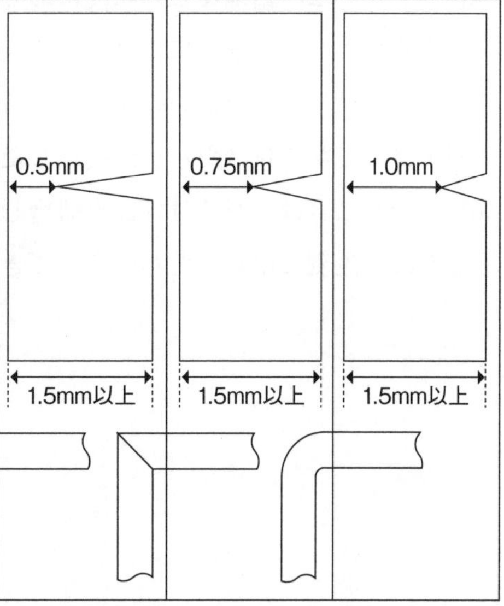 0.5mm 1.5mm以上	0.75mm 1.5mm以上	1.0mm 1.5mm以上

3 -22 塗装工事 パテ処理工法について、不適当なものを２つ答えよ。

(1) パテ処理は、モルタルおよびプラスター面の素地ごしらえに用いる。
(2) パテ処理にはパテしごき、パテかい、パテ付けの３つがある。
(3) パテかいは、パテを全断面にわたり均一にへら付けする作業である。
(4) パテ付けは、パテで穴埋めし、大きな隙間を埋める作業である。
(5) パテしごきは、パテ付け面の過剰のパテを削ぎ落し平滑にする作業である。

解 答 (3)、(4)

ポイント解説

(3)：パテかいは、素地面の穴埋め、目違い、隙間をへらで埋めること。

(4)：パテ付けは、パテかい後にパテを全断面に均一に塗り付ける作業のことである。パテかい、パテ付け終了後パテしごきで、塗装の素地を整える。

解 説 塗装素地調整

コンクリート・ALC 版・せっこうボート素地調整

パテ処理（パテ塗り）の方法と留意点は、下記の通りである。

(1) パテ処理は、塗り面の不陸・凹凸・穴などを処理し、塗装仕上げ精度を高める工法である。
(2) パテ処理には、パテしごき・パテかい・パテ付けの３種類がある。
(3) パテ処理では、パテを厚塗りするとひび割れてしまうため、パテは必要最小限の量とする。
(4) パテかいは、素地などの状況に応じて、面のくぼみ・隙間・目違いなどの部分を平滑にするため、その部分にだけパテを塗る工程である。
(5) パテ付けは、パテかいの終了後、所定の厚さのパテを全面に塗り付ける工程である。パテ付けで塗り付けたパテが乾燥した後、研磨して表面を平滑にする。
(6) パテしごきは、パテ付け面を研磨した後、素地とパテ付け面との肌を揃えて平滑にするため、過剰に塗られたパテをしごき取る工程である。

3-23 塗装工事 アクリル樹脂系非水分散形塗料について、不適当なものを2つ答えよ。

(1) アクリル樹脂系非水分散形塗料は、屋内コンクリートやモルタル面に用いる。
(2) アクリル樹脂系非水分散形塗料は、有機溶剤で塗料を分散させるエマルションである。
(3) アクリル樹脂系非水分散形塗料は、常温で硬化するが耐水性や耐アルカリ性が低い。
(4) アクリル樹脂系非水分散形塗料は、刷毛塗り、ローラブラシ塗り、吹付けが行える。
(5) 室内塗装の場合、剥離の原因となるためパテかいは水掛り部分には行わない。

解答 (2)、(3)

ポイント解説

(2)：アクリル樹脂系非水分散塗料は透明のワニス（溶剤と樹脂）である。ワニスはエマルション（水と合成樹脂）と異なり水は用いない。

(3)：アクリル樹脂系非水分散塗料は耐水性や、耐アルカリ性が強いため、コンクリート面やモルタル面に用いることができる。

解説 アクリル樹脂系非水分散形塗料の施工

アクリル樹脂系非水分散形塗料

アクリル樹脂系非水分散形塗料（NAD／Non Aqueous Dispersion）の材料は、水を媒体とせず、有機溶剤を媒体として樹脂を分散させた非水分散形ワニス（透明樹脂）である。

アクリル樹脂系非水分散形塗料は、分散粒子融着乾燥形の塗料であるため、通常の溶剤系塗料に比べて、溶剤臭が少なく、常温でも比較的短時間で硬化し、耐水性や耐アルカリ性に優れた塗膜が得られる。

その塗装における留意事項には、次のようなものがある。

- 下塗り・中塗り・上塗りは、すべて同一材料で行う。
- 溶剤となるシンナーは、製造所指定のものとする。
- 塗装方法は、刷毛塗り・ローラーブラシ塗り・吹付け塗りのいずれかとする。
- 屋内塗装の場合、水掛り部分にパテかいを行ってはならない。
- 下塗り・中塗り・上塗りの各工程における標準塗装間隔時間・標準最終養生時間は、塗装場所の気温が20℃である場合、3時間以上とする。

3-24 内装工事 石膏ボード直張り工法で、不適当なものを2つ答えよ。

(1) 接着材の混練分量は、1時間以内に使い切る量とした。
(2) 接着材の盛上げ高さは、ボード仕上り面の高さの1/2倍とした。
(3) 接着材の間隔は床面より1200mmまでは、1200mmを超える部分よりも間隔を広くした。
(4) 接着材の塗り付けは張付けボード1枚分ずつとした。
(5) 石こうボードの下端は吸水防止のため、10mm程度浮かせて張り付けた。

解 答 (2)、(3)

ポイント解説

(2)：接着材の盛上げ高さはボード仕上り面の高さの2倍とする。
(3)：接着材間隔は床面より1200mmまでは200〜250mmの狭い間隔、1200mmを超える高さでは広い間隔250〜300mmとする。

解 説 石膏ボード直張り工法の施工

石膏ボード直張り工法

① 石膏ボード直張り工法で使用する石膏系直張り用接着材は、1時間以内で使い切れる量を、垂れない程度の硬さに水と練り合わせる。練り合わせてからの時間が1時間を超えると、十分な接着力を得ることができなくなる。
② 練り合わせた石膏系直張り用接着材は、ボードの仕上りまでの寸法（ボードの仕上り高さ）の2倍程度の高さまで盛り上げる。その後、団子状になった接着材に石膏ボードを押し付けて、ボードの仕上り高さに合わせる。

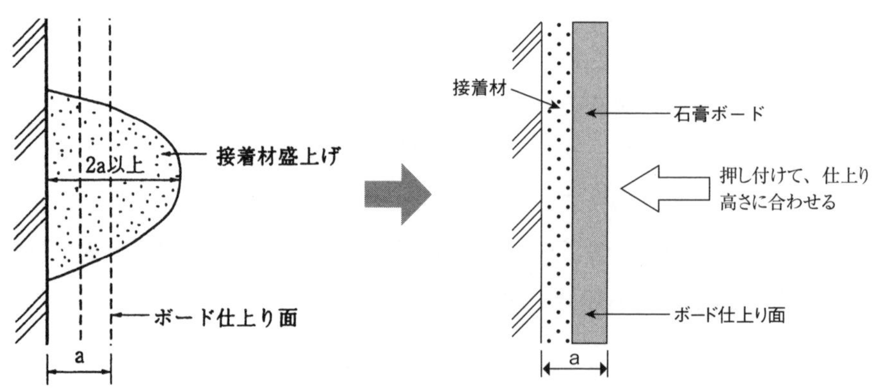

ボードの仕上りまでの寸法（ボードの仕上り高さ）

仕上げ工事基礎能力・管理知識

③　石膏ボードを圧着する際には、接着材の乾燥やボードの濡れを防止するために、ボード下面と床面との間にスペーサー（くさび）を入れて、石膏ボードを10mm程度浮かしておく必要がある。

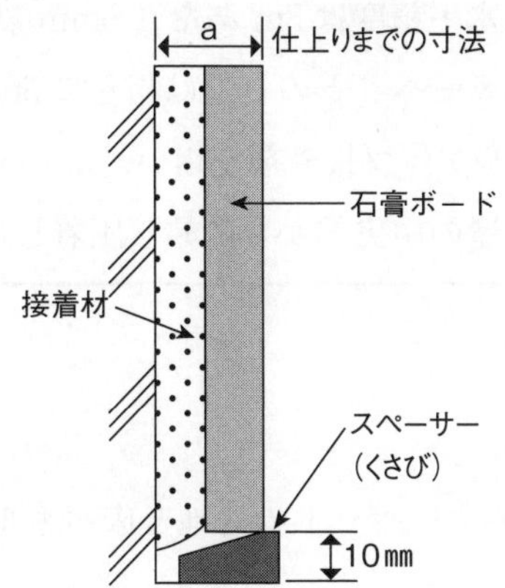

石膏ボードの下端部に設ける空隙

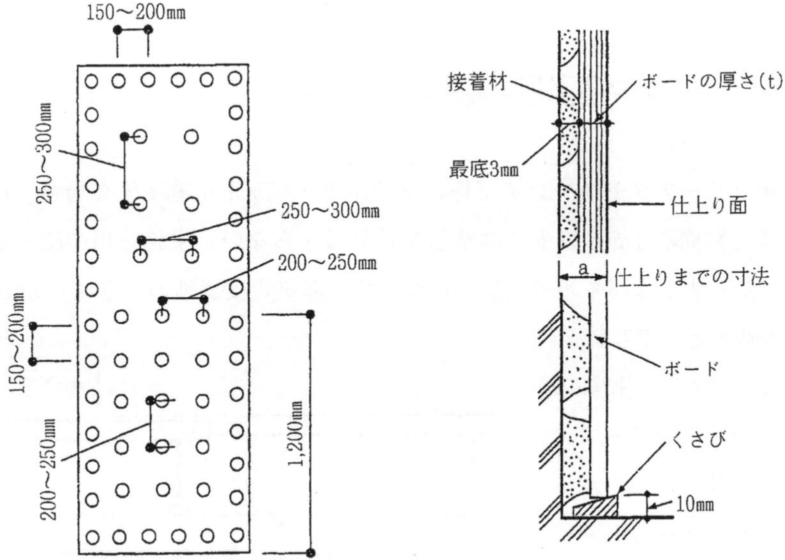

せっこう系直張り接着剤による施工概要（JASS26より）

仕上げ工事基礎能力・管理知識

③-25	**内装工事**	**フリーアクセスフロアについて、不適当なものを2つ答えよ。**

(1) フリーアクセスフロアの床パネル間の段差は1mm以下とした。
(2) フリーアクセスフロアの水平精度は3mあたり5mm以内とした。
(3) フリーアクセスフロアのカーペットの目地は相互に50mmずらした。
(4) カーペット張りにはピールアップ接着剤を用い、カーペット裏面の全面に塗布した。
(5) カーペットの張込みは部屋の中央部から開始し圧着しながら端部へ張り進めた。

解答 (3)、(4)

ポイント解説

(3)：フリーアクセスフロアのカーペットの目地と床パネルの目地とは相互に100mmずらす。

(4)：ピールアップ接着剤は床表面に塗布するものでカーペット裏面には接着剤を塗布しない。

解説 フリーアクセスフロアの施工

フリーアクセスフロア

(1) 事務室用フリーアクセスフロア下地にタイルカーペットを施工する場合、床パネル相互間の段差と隙間を1mm以下に調整しなければならない。事務室用の床パネルの取付け精度は、隣接する床パネルの高低差について、調整式支持脚のときは0.5mm以下、調整なし支持脚のときでも1mm以下とする。また、支持脚の方式に関係なく、フリーアクセスフロアの仕上げ面の水平精度は、3mあたりの不陸について、5mm以内とする。

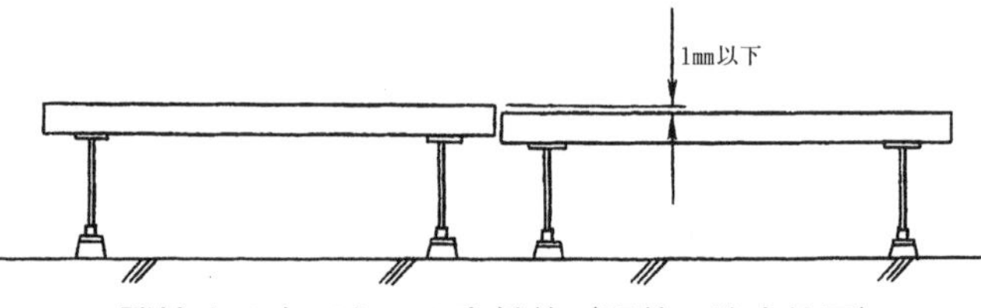

隣接する床パネルの高低差（誤差の許容範囲）

(2) フラットケーブル下地などとして使用するタイルカーペットの目地は、床パネルの目地とは100mm程度ずらし、細幅のタイルが端部とならないように割り付けなければならない。

(3) タイルカーペットの張付けを行うときは、粘着剥離形の接着剤を、床パネル（下地）の全面に、均一に塗布しなければならない。接着剤の塗布は、指定のクシ目ごてを用いて行う。また、タイルカーペットは市松張りを原則とし、ピールアップ性能（適切な接着性と剥離性を共に確保できる性能）を確保するため、適切なオープンタイム（床パネルに接着剤を塗ってからタイルカーペットを張るまでの乾燥時間）をとらなければならない。

3-26 **内装工事** ALC外壁パネル工事で、不適当なものを2つ答えよ。

(1) ALC外壁パネルの横張り式では、パネル7段以内ごとに自重受け鋼材を設けた。
(2) 自重受け鋼材を設けた横目地は伸縮目地とした。
(3) ALC外壁パネルの横張り式では、風圧力をパネルのスライドにより吸収させた。
(4) ALCパネルの短辺小口相互の接合部は変形を吸収するため5mm空隙を設け伸縮目地とした。
(5) ALCパネル幅の最小限度を300mmとした。

解答 (1)、(4)

ポイント解説

(1)：外壁ALCパネルの横張り式は、パネル5段以内ごとに自重受け鋼材を設ける。
(4)：ALCパネルの短辺小口相互の伸縮目地は幅10～20mmの空隙を設け、変形を吸収させる。

解説 ALC外壁パネル横張り工法

ALC外壁パネル横張り

ALC外壁パネルを横張りで取り付ける場合、パネル積上げ段数5段以下ごとにパネルの重量を支持する自重受け鋼材を設ける。また、横目地には10～20mmの伸縮目地を設ける。

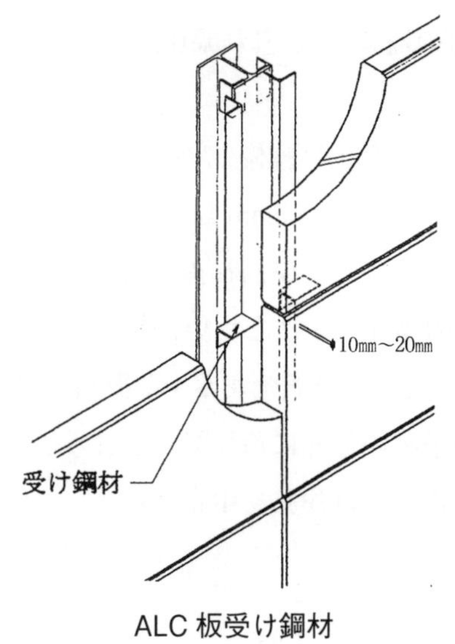

ALC板受け鋼材

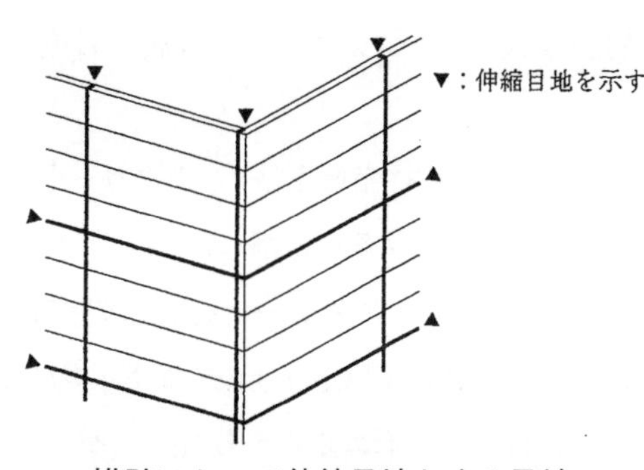

横壁において伸縮目地とする目地

3-27 **内装工事** **外壁コンクリートひび割れ改修で、不適当なものを2つ答えよ。**

(1) 外壁コンクリート仕上げ面のひび割れ幅1.0mm以上の改修にUカットシール充填工法を用いる。
(2) 外壁仕上げ面のひび割れ幅0.2mm以上1.0mm以下の改修に樹脂注入工法を用いる。
(3) 外壁仕上げ面のひび割れ幅0.2mm未満の改修ではシール注入工法を用いる。
(4) 樹脂注入工法で、ひび割れに挙動のあるときは高粘度形の樹脂を用いる。
(5) 樹脂注入工法はUカットシール材充填工法やシール工法に比べて耐久性に劣る。

解答 (4)、(5)

ポイント解説

(4)：樹脂注入工法でひび割れに挙動があるときは軟質形エポキシ樹脂の低粘度形シール材を用いる。

(5)：樹脂注入工法はUカットシール材充填工法やシール工法に比べて耐久性に優れている。

解説 コンクリート外壁ひび割れ改修工法

コンクリートひび割れ改修

コンクリートひび割れを樹脂注入工法により補修するものである。

(1) コンクリート外壁のひび割れ部改修工法としては次のものがある。

① 樹脂注入工法：コンクリート打放し外壁仕上げの補修（ひび割れ幅0.2mm以上1.0mm以下）

② Uカットシール材充填工法：コンクリート打放し外壁仕上げ補修（ひび割れ幅1.0mm超）
※ただし、挙動するひび割れには、ひび割れ幅0.2mm以上1.0mm以下でも適用される。

③ シール工法：コンクリート打放し外壁仕上げの補修（ひび割れ幅0.2mm未満）

(2) ひび割れ幅0.2mm以上1.0mm以下の場合は、樹脂注入工法を用い、ひび割れの挙動のないときは、硬質形エポキシ樹脂を、挙動のあるときは、軟質形エポキシ樹脂を用いる。軟質形の粘性は、低粘度又は中粘度のものを用い挙動の伸縮に追従できるようにする。

(3) エポキシ樹脂注入材の施工は、降雨や結露のある場合は作業を中止する。

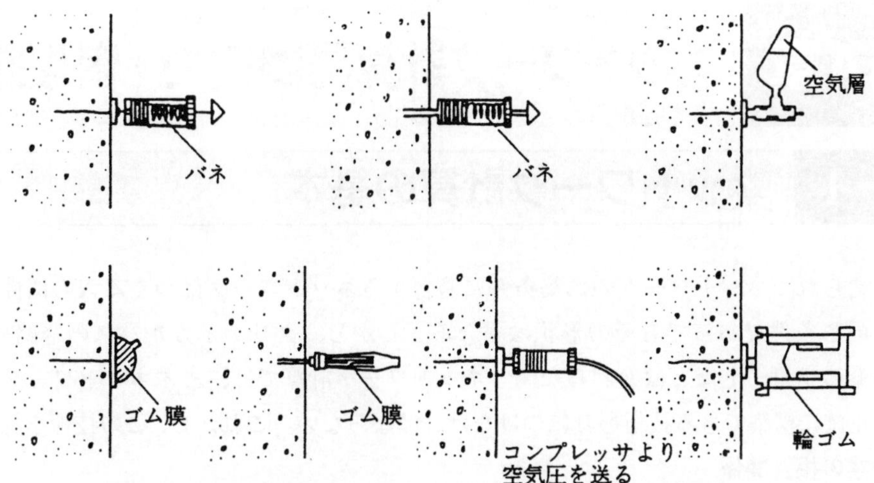

エポキシ樹脂の自動式低圧注入用器具（建築改修工事監理指針）

● 第４章　ネットワーク計算基礎能力・管理知識

4－1　ネットワーク計算の基本

与えられたネットワークの構築条件に適合するネットワークはつくる人の個性によって、同じ条件であってもその形状は異なる。しかし、クリティカルパスの経路や工期、各作業のフロートなどは変わらない。ネットワーク計算では、まずネットワークを短時間で正確に構築できる技術を身につけなければならない。これから、この技術を説明する。

⑴作業の相互関係

図表4-1において、作業の相互関係は

1. 作業Ａは最初の作業である。
2. 作業Ｂ、作業Ｃの先行作業は作業Ａである。
3. 作業Ｄの先行作業は作業Ｂと作業Ｃである。
4. 作業Ｄは最後の作業である。

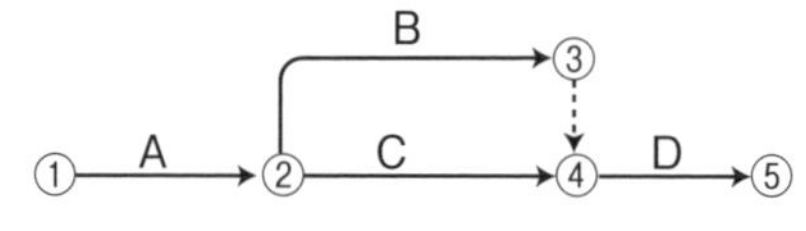

図表 4-1　ネットワーク

このように文章として表現される。

こうした条件文からネットワークを構築することが求められ、この構築ネットワークを計算して工期やフロートを求める。

⑵ネットワーク構築リストの作成

作業の相互関係で示した、条件文を、早く正確にネットワークにするには、構築リストを用い、点検とネットワーク化を同時に進める。図表4-1のネットワーク図の作業の相互関係から図表4-2の構築リストは次のような手順で進める。

１）構築リスト枠をつくり、まず作業名Ａ、Ｂ、Ｃ、Ｄを順序正しく記入する。

２）条件文１：作業Ａは最初の作業なので先行作業はないので“なし”と記入後－Ａを記入し、最初の作業であることを示す。

３）条件文２：条件文２には作業Ｂと作業Ｃとが示されているが、**１つの作業Ｂだけに着目**して、作業Ｂの先行作業は、作業Ａなので、これを記入する。

条件文２：条件文２には、作業Ｂと作業Ｃとが示されているが、次の作業Ｃにだけ着目し、作業Ｃの先行作業Ａを記入する。

ポイント
１作業ごと着目

４）条件文３：作業Ｄに着目すると、作業Ｄの先行作業に作業Ｂと作業Ｃの２つあるので、並行作業となるこの２作業を記入し、２作業以上あるときはダミーが発生するので、これを記入しておく。

５）条件文４：作業Ｄが最終の作業なので、Ｄ－としておく。

以上を表にすると、図表4-2の構築リストとなる。

図表 4-2　相互関係リスト（構築リスト）

条件文番号	先行作業	作業名
1	なし	－A
2	A	B
3	A	C
4	B、C、ダミー	D－

イベント番号④のＤに－をつけ最終作業Ｄ－とする。

(3) 構築リストからのネットワークの構築

4－1　ネットワーク　下記の条件文を満すネットワークを構築し、次の問に答えなさい。

(1) 所要工期は何日か

(2) 作業Ｂのフリーフロートは何日か

(3) 作業Ｂの所要日数が10日増えたとき、作業Ｆの最早開始時刻は何日遅れるか。

条件文

1. 作業Ａ、作業Ｂ、作業Ｃは同時に着工できる最初の作業である。
2. 作業Ａが終了すると、作業Ｄが着工できる。
3. 作業Ｄが終了すると作業Ｅが着工できる。
4. 作業Ｂ及び作業Ｄが終了すると、作業Ｆが着工できる。
5. 作業Ｃ、作業Ｅ、作業Ｆが終了すると、作業は全て終了する。
6. 作業日数、Ａは８日、Ｂは４日、Ｃは10日、Ｄは３日、Ｅは２日、Ｆは３日とする。

解　答

(1) 条件文からネットワーク構築リストにまず図表 4-3 のように作業名の欄に**A**、**B**、**C**、**D**、**E**、**F**を記入する。作業**A**、**B**、**C**、**D**、**E**、**F**の順に、先行作業を条件文に合わせて記入し、先行作業が２つのときダミー１本、先行作業が３つのときダミーは２本生じる可能性がある。条件文に合せ図表 4-3 に記入する。

1. 作業**A**は最初の作業で先行作業なし。

1. 作業**B**は最初の作業で先行作業なし。

1. 作業**C**は最初の作業で先行作業なし。

のように、各作業ごとに条件に合せて記入する。**－A**、**－B**、**－C**の（－）は最初の作業で先行作業がないことを表す。

2. 作業**D**の先行作業は作業**A**である。

3. 作業**E**の先行作業は**D**である。

4. 作業**F**の先行作業は、作業**B**と作業**D**の２作業で、ダミーが生じる。

図表 4-3　リスト

条件	先行作業	作業名	日数
1	なし	－A	8
	なし	－B	4
	なし	－C－	10
2	A	D	3
3	D	E－	2
4	B、D、ダミー	F－	3

イベント番号⑤の**C**、**E**、**F**に－をつけ**C－**、**E－**、**F－**とする。

5. 作業**C**、作業**E**、作業**F**は最後の作業である。**C－**、**E－**、**F－**の（－）は最後の作業を表す。

(2) 図表4-3のリストからネットワークの条件文1．2．3．4．5の順序に合わせてネットワークを構築する。ネットワークの構築後に日数を記入する。次に、原則として、ネットワークの条件文1.2.3.4.5の順序通りに、イベント番号①を出発点とし、それぞれのイベント番号①～⑤を、できるだけ流れの順に左から右へ向かって記入する。

この作業により、図表4-4のようなネットワーク化が行われる。

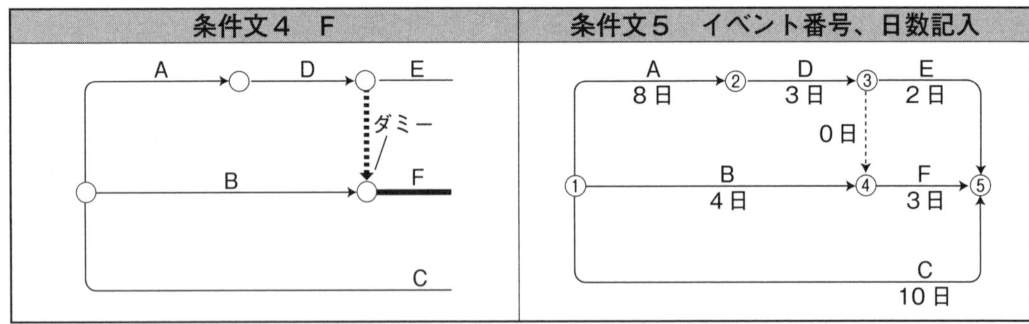

図表 4-4　リストのネットワーク化

(3) ネットワークの最早開始時刻の計算

各作業の最早開始時刻を計算して図表4-5のようにクリティカルパスと工期及び作業Bのフリーフロート ⑪－(⓪＋4)＝7日を求める。

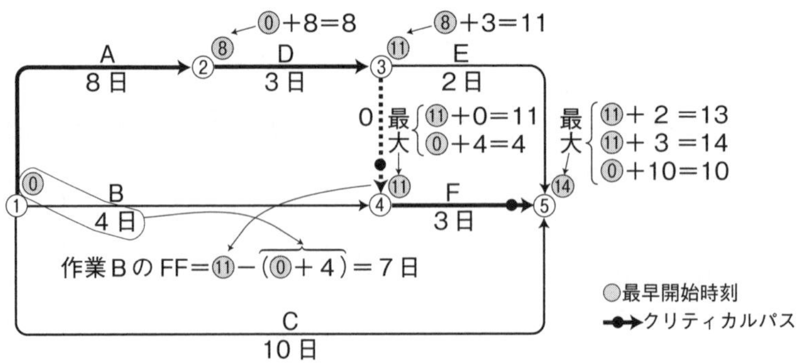

図表 4-5　計算結果のネットワーク

解 答

(4) 作業の遅延による最早開始時刻の変更

図表 4-5 のネットワークにおいて、作業 B の所要日数が 10 日増えた(4 日から 14 日に変更された)ときのことを考える。作業 B の日数を 14 日としてネットワークを再計算すると、図表 4-6 のようになる。この結果として、作業 F の最早開始時刻(工期)は 3 日遅れる(14 日から 17 日に変更される)。

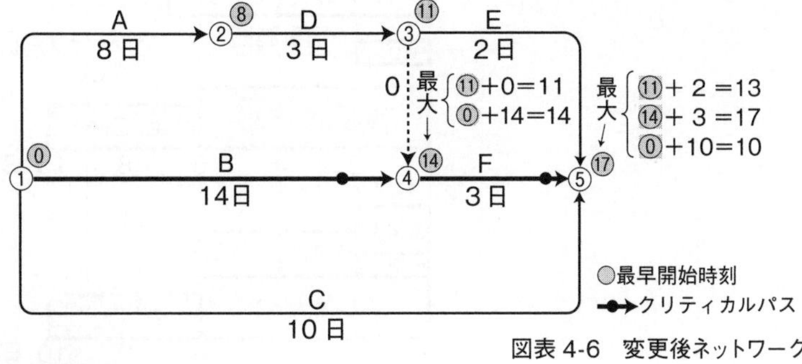

図表 4-6 変更後ネットワーク

所要工期	14 日
作業Bのフリーフロート	7 日
作業 F の最早開始時刻の遅れ	3 日

参考 1 タイムスケールと山積・山崩

ネットワークの各作業には、全く余裕のないクリティカルパス上の作業と、余裕を持つ作業がある。ネットワークが他の工程表より優れているのは、作業の持つ余裕を正確に把握し、これを有効に活用し、確実に経済効果を挙げることにある。余裕を有効に使う技術には、山積・山崩による資源の平滑化と、フォローアップ時における最小費用で日程を短縮する技術である。こうしたフロートの利用技術を理解するには、構築されたネットワークを、横軸に工期をとり、ネットワークを正確に日数で展開する**タイムスケール法**がわかり易い。ここでは、タイムスケールにより、山積・山崩を理解する。

⑴ タイムスケールの作成

図表 4-7(a) のネットワークをタイムスケールで表示するとき、まず、ネットワークのクリティカルパスを求め、図表 4-7(b) のように、工期 10 日を横軸とし、**最初に、クリティカルパスの作業C、ダミー、作業Eを太線で描画する。**

次に、細線で作業A、B、Dを最早開始時刻の日数に合せ記入する。続いて、細線の**余裕に波線**をつけて○∿∿∿▸のように可動範囲を表す。

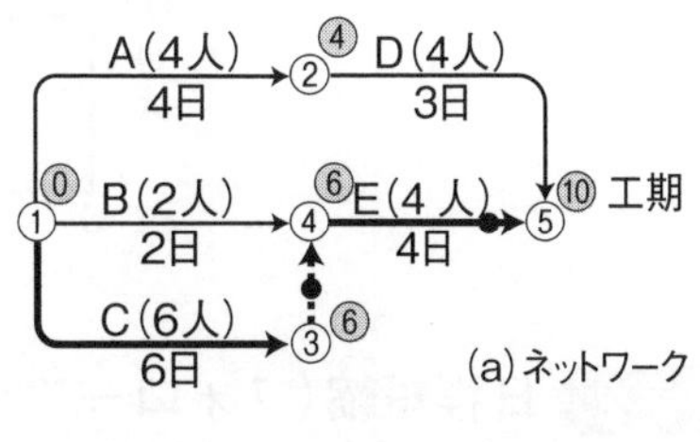

(a) ネットワーク

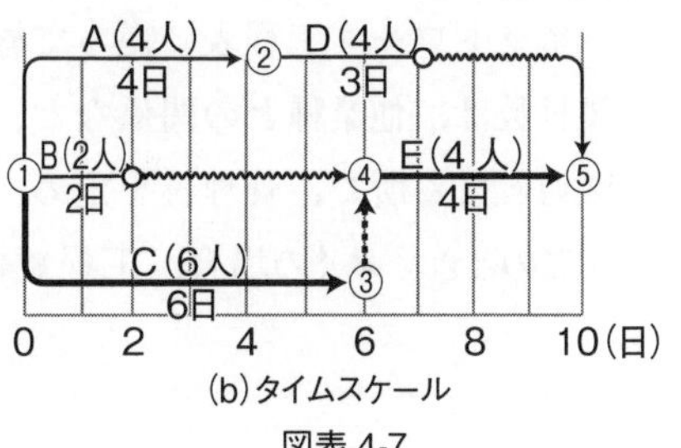

(b) タイムスケール

図表 4-7

ネットワーク計算基礎能力・管理知識

⑵ 山積図の作成

図表 4-7(c) のように、山積図の最底辺に、クリティカルパスの作業C、作業Eを山積し固定する。この山(四辺形)は余裕がないので動かせない。次に、余裕のある作業A、作業B、作業Dを最早開始時刻で山積すると山積みの最大人数は 12 人となる。これが**山積図**である。

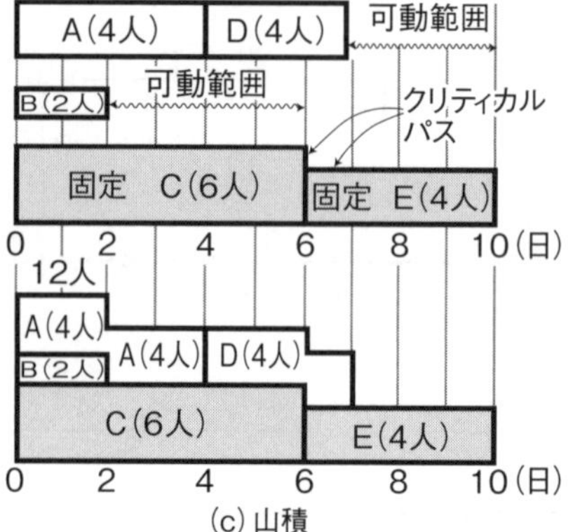

(c) 山積　　図表 4-7 (c)　山積図の作成

⑶ 山崩図の作成

図表 4-7(d) のように、余裕のある作業A、B、Dの３作業は最遅完了時刻までの**可動範囲内で１日ごとの分割でも何日分かまとめてでも自由に移動できる**ので、最大人数 12 人をできるだけ平均化するよう、**パズルのように作業が重ならないように考え横移動させる**。

この結果、作業Bは作業Aの後に行ない、作業Dは6日以降に移動させて作業を重ねないよう山崩し、最大 10 人で日数は4日間となり平均化された。この図が**山崩図**である。

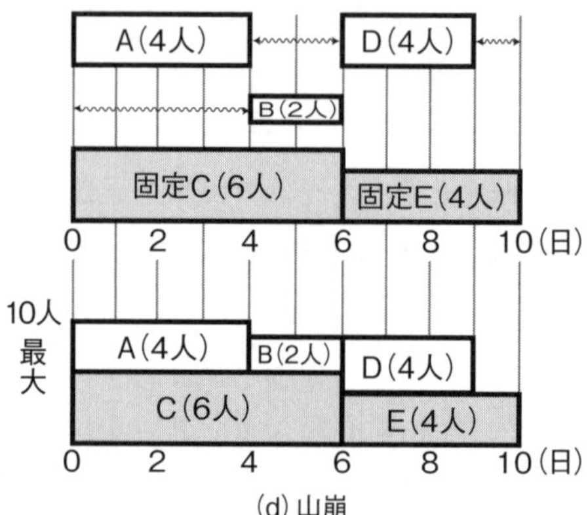

(d) 山崩　　図表 4-7 (d)　山崩図の作成

参考２ 日程短縮(フォローアップ)

ネットワーク工程表に従って施工していても、現実には、作業の遅れや、予測した作業日数は、他業種との関係など、内外の事情で変化するものである。このため、工程の区切となる所で、管理日を定め、今後の予定を改めて見直をする必要がある。

このとき、多くの場合、工程短縮を伴うことが多い。

4-2 ネットワーク 図表4-8のネットワークの工期を求め、次の問(1)、問(2)に答えよ。

図表4-8の開始時ネットワークの工期を求め、7日目のフォローアップ日数が次のようであった。開始時の工期を変えないものとする。

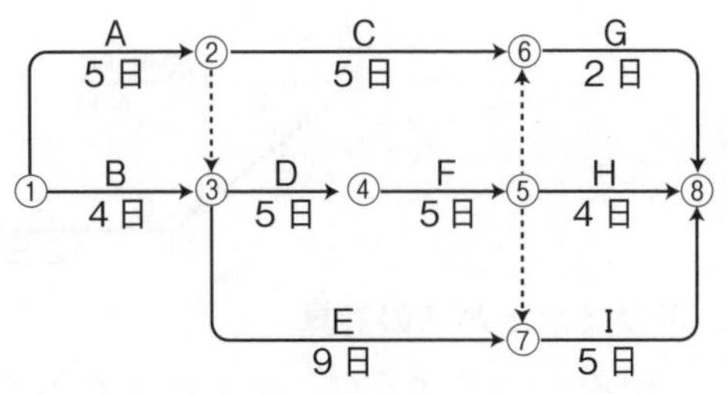

図表4-8 開始時ネットワーク

(1) フォローアップ後の工期を求め、短縮すべき日数を求めよ。ただし、見直し後の所要日数は次のようである。

作業名	A	B	C	D	E	F	G	H	I
必要日数(日)	終了	終了	5	4	12	6	2	4	5

(2) 各作業の短縮可能日数が次表のとき、短縮すべき作業日数を最小とする短縮作業名と短縮日数を求めよ。

作業名	C	D	E	F	G	H	I
短縮可能日数	2	1	3	2	0	1	1

解答

(1) 開始時のネットワークの工期の計算

図表4-8のネットワークの最早開始時刻を求めると、図表4-9のようになる。これより、開始時ネットワークの工期は20日である。

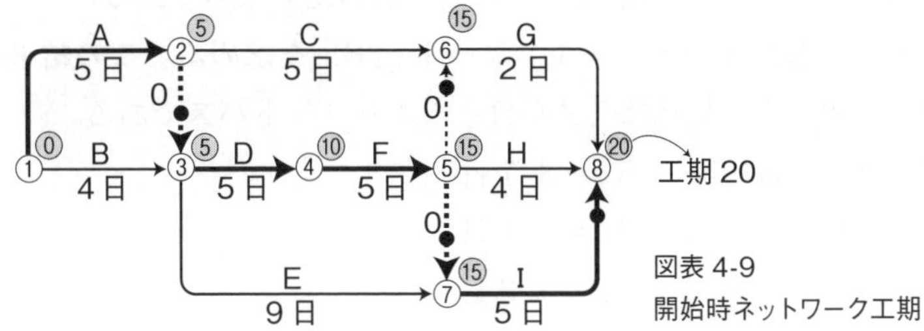

図表4-9
開始時ネットワーク工期

(2) フォローアップすべきネットワークの工期を求める計算

見直し後、作業A、作業Bは終了し、フォローアップ点7日現在、作業C、作業D、作業Eの3作業は施工中である。フォローアップ点7日目の日程は、**最初は0日から始まっているので、図表4-10のように、途中の開始点はスタートのⓈの最早開始時刻は7日でなく、7日－1日＝6日とする**。そして、見直し後の所要数を記入してできたネットワークの最早開始時刻を計算して工期を求める。

フォローアップすべきネットワークの工期は23日で、開始時のネットワークの工期より23日－20日＝3日、短縮する必要がある日数は3日である。

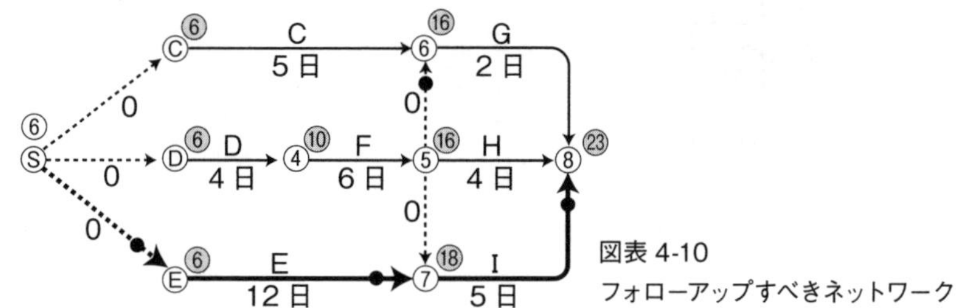

図表 4-10
フォローアップすべきネットワーク

⑶ リミットパスの計算

図表4-11のように、フォローアップすべきネットワークの最終イベント⑧の最終完了時刻を、開始時の工期の20として計算し、余裕(トータルフロート)が負となる経路(リミットパス)を求める。

最終完了時刻の計算は⑧→⑦→⑥→⑤→④の逆順に、２本以上流出するイベント⑤は流出矢線の最小値から計算する。

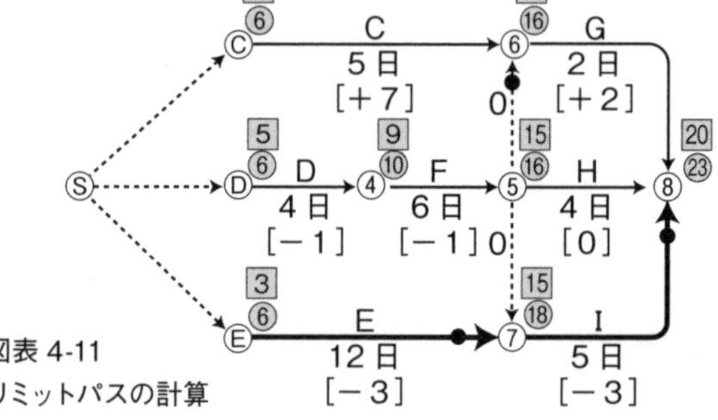

図表 4-11
リミットパスの計算

1) 最終イベント⑧を20とする。
2) イベント⑦は20－５＝15
3) イベント⑥は20－２＝18
4) イベント⑤は流出矢線が３本あり

18－０＝18
20－４＝16
15－０＝15

となり、イベント⑤の最終完了時刻は最小値15となる。

5) イベント④は15－６＝9である。
6) イベントⒸ、Ⓓ、Ⓔの最終完了時刻を念のため求めてある。

以上から、各作業のトータルフロート(TF) を求める。この結果、TFが負となる経路D、E、F、Ｉの経路はTFが負となるリミットパスである。

作業CのTF＝18－(⑥＋５)＝＋７日
作業DのTF＝9－(⑥＋４)＝－１日
作業EのTF＝15－(⑥＋12)＝－３日
作業FのTF＝15－(⑩＋６)＝－１日
作業GのTF＝20－(⑯＋２)＝＋２日
作業HのTF＝20－(⑯＋４)＝　０日
作業ＩのTF＝20－(⑱＋５)＝－３日

⑷ 日程短縮(フォローアップ)

３日間日程短縮を最小の短縮日数とすることを目的とする。

日程短縮では、負の余裕であるリミットパスのフロートが0となるように、経路ごとに考え、すべてのリミットパスが、最小の短縮日数で解消するようにする。

日程短縮の**ポイント**は、クリティカルパスである。クリティカルパス上の作業Eと作業Ｉとで合わせて３日間短縮することである。

それでは、具体的に、図表4-11のリミットパスの解消を考える。負の経路のリミットパスの２本を次のように、クリティカルパスと、共通部分作業Ｉとそうでない部分になるように書き出す(作業Ｃ、Ｇ、Ｈはリミットパスでないので考えない)。

1) 作業Ｄ、Ｆ、Ｉパス

2) 作業Ｅ、Ｉ(クリティカルパス)

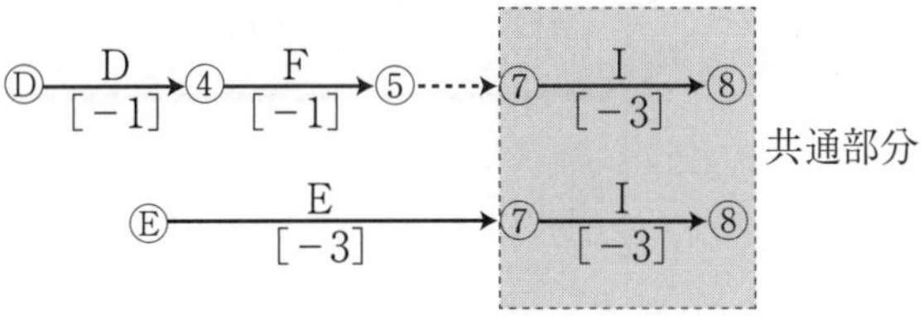

リミットパスを最小の作業日数で短縮するには、共通部分Ｉでできるだけ多くの日数を短縮し、短縮できなかったパスは、共通部分以外の作業を各パスごとに必要日数短縮する。

ここでは、**共通部分の作業Ｉは問題で与えられている短縮可能日数が１日**だから、Ｉを１日短縮すると作業Ｉを含む各パスのリミットパスはすべて１日⊕されて作業Ｉのトータルフロートは[−2]となり、次のようになる。

1) 作業Ｄ、Ｆ、Ｉパス

2) 作業Ｅ、Ｉ(クリティカルパス)

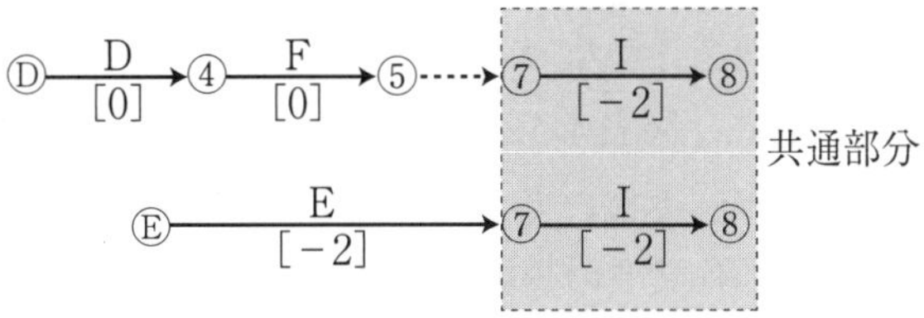

作業Ｉを１日短縮することで、作業Ｄ、作業Ｆのフロートが０となり、リミットパスでなくなる。またクリティカルパスの作業Ｅは−２、作業Ｉも−２となる。

作業Ｉは、１日しか短縮できないので、次に、共通部分以外のクリティカルパスを短縮する。３日間まで短縮する作業Ｅを２日間短縮して、作業Ｅのリミットパスを０にすると同じパス上の作業Ｉのリミットパスは０となり、リミットパスがなくなる。

以上から、結果として、クリティカルパス上の作業Ｉを１日、作業Ｅを２日短縮することで、当初の工期20日で工事を終了できる。

以上のようにして、作業Ｉを１日、作業Ｅを２日短縮すると最小の短縮日数３日間で工程の短縮ができる。

(5) 実用的な日程短縮計算法(同じ日程短縮をタイムスケールで解くとすぐ解ける)

リミットパスを求めて日程短縮するのと同じ効果のある簡便な方法が、タイムスケールを用いる方法である。

図表4-10のフォローアップすべきネットワークの計算結果を**工期23日**とするタイムスケールを描き、**最終完了時刻の計算やフロートの計算することなく、工期を20日に短縮**する作業名と短縮日数を目視して求まる。図表4-10をタイムスケールで表すとき、まず、クリティカルパス作業Ｅ、作業Ｉを示し、そして、クリティカルパスでない作業Ｃ、Ｇ、及びＤ、Ｆ、Ｈの経路の余裕を作業Ｅと作業Ｉ上に**フロート**〰〰をつけて表示すると図表4-12のようになる。

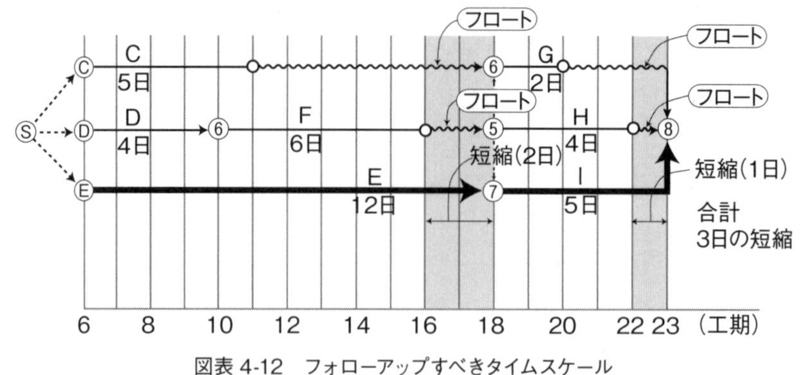

図表 4-12　フォローアップすべきタイムスケール

次に、短縮作業と短縮日数をクリティカルパスについて考える。

図表 4-12 の作業 I の 23 日目に並行する、作業G、作業Hは共にフロートがあるので、このフロートを利用すれば、23 日目を 1 日短縮するためには、クリティカルパス上の作業 I を 1 日短縮するだけですむ。作業G、作業Hはフロートを有しているので短縮しても経費を伴わない。

同様に、図表 4-12 の作業Eの 17 日、18 日目の 2 日間に並行する作業C、作業Fは共にフロートなので、このフロートを利用すれば 17 日、18 日の 2 日間はクリティカルパス上の作業Eの短縮可能日数 3 日のうち 2 日間だけ短縮すればよい。

以上のように、クリティカルパスに並行するクリティカルパスでない作業のフロートの日数をクリティカルパスにそろえることで、クリティカルパス以外の作業の短縮日数を少なくできる。これが日程短縮のポイントとなる。結果は、リミットパスを計算したときも、タイムスケールから求めたときも作業 I を 1 日、作業Eを 2 日短縮して、3 日間の短縮ができるので結果的に同じである。

タイムスケール法の方法が、最終完了時刻やフロートの計算が必要がなく、かつ、正確に短縮すべき作業を容易に目視で確認できる。実務的にも有効な方法である。

[著　者] 森 野 安 信

[編　者] GET研究所

著者略歴

1963年 京都大学卒業
1965年 東京都入職
1988年 １級建築施工管理技士資格取得
1991年 建設省中央建設業審議会専門委員
1994年 文部省社会教育審議会委員
1998年 東京都退職
1999年 GET研究所所長

令和３年度　新出題分野　問題解説集
１級建築施工管理技術検定試験
第一次検定　基礎能力
第二次検定　管理知識

2021年４月30日　発行

発行者・編者	森　野　安　信 GET研究所 東京都豊島区西池袋３－１－７ 藤和シティホームズ池袋駅前 1402 http://www.get-ken.jp/ 株式会社　建設総合資格研究社
編集・本文デザイン	有限会社ハピネス情報処理サービス
発売所	丸善出版株式会社 東京都千代田区神田神保町２丁目17番 TEL 03－3512－3256 FAX 03－3512－3270 http://www.maruzen-publishing.co.jp/
印刷・製本	株式会社オーディーピーセンター

ISBN978-4-909257-84-0 C3051

●内容に関するご質問は、弊社ホームページのお問い合わせ
（https://get-ken.jp/contact/）から受け付けております。
（質問は本書の紹介内容に限ります。）